环境监测实验

主　编　张存兰　商书波
副主编　王　芳　王爱丽　周连文

西南交通大学出版社
·成都·

图书在版编目（CIP）数据

环境监测实验 / 张存兰，商书波主编．—成都：
西南交通大学出版社，2018.7
ISBN 978-7-5643-6280-5

Ⅰ.①环… Ⅱ.①张… ②商… Ⅲ.①环境监测－实验－高等学校－教材 Ⅳ.①X83-33

中国版本图书馆 CIP 数据核字（2018）第 153067 号

环境监测实验

主编 张存兰 商书波

责任编辑	姜锡伟
助理编辑	黄冠宇
封面设计	墨创文化
出版发行	西南交通大学出版社 （四川省成都市二环路北一段 111 号 西南交通大学创新大厦 21 楼）
发行部电话	028-87600564 028-87600533
邮政编码	610031
网址	http://www.xnjdcbs.com
印刷	成都蓉军广告印务有限责任公司
成品尺寸	185 mm×260 mm
印张	10
字数	252 千
版次	2018 年 7 月第 1 版
印次	2018 年 7 月第 1 次
书号	ISBN 978-7-5643-6280-5
定价	29.00 元

图书如有印装质量问题 本社负责退换

前　言

环境监测实验是高等学校环境科学、环境工程、资源与环境等专业本科生的一门专业基础实践课程，是环境工程门类中具有综合性、实践性、时代性和创新性的一门重要的实践与技术方法课程。通过本课程的学习，使学生掌握常规监测项目的基本原理、方法、技术并能在环境工程中应用；具备制订监测方案的能力，包括污染源调查、布点和采样、监测方法选择及方案实施；了解环境监测新方法、新技术及其发展趋势。通过实验加深学生对环境监测基本原理和基本方法的理解；使学生掌握必要的监测实验技能，掌握水处理污染控制、大气污染控制和固体废弃物处置等领域涉及的监测和评价；逐步提高学生分析问题和解决问题的能力，培养学生实事求是的科学态度和严谨认真的工作习惯，培养学生规范操作精密实验仪器的技能。

环境监测实验是环境科学的一个重要分支学科，它应用化学、物理、生物等方法手段，通过对环境污染物的分析、检测，准确、及时、全面反映环境质量现状及其发展趋势，为环境管理、污染源控制、污染治理、环境规划等提供科学依据。

根据环境监测介质对象不同，环境监测实验主要内容体系包括水和废水监测、大气和废气监测、固体废物监测、土壤污染监测、生物污染监测和物理性污染监测等。本教材内容体系由三部分组成：基础知识、各类介质对象（水、大气、土壤及生物、噪声等）监测方法、环境监测实验复习题。

本书不仅可作为高等院校师生的实验教学和学习参考书，还可供从事环境相关学科的研究生、科研工作人员、工程设计人员以及环境监测站等相关企事业专业技术人员参考，也可作为环境监测研究生入学考试复习用书。

本教材特点：

（1）本教材依托 2015 年教育部人文社会科学研究专项任务项目（工程科技人才培养研究）——新建本科校企“双螺旋递进式”培养工程人才机制研究（15JDGC021）研究项目，是编者在多年的环境监测实验实践教学与改革经验基础上编写的，实验内容详尽、可操作性强，内容涵盖面宽，实验项目齐全。每一个实验项目都详细介绍了多种测定方法，不同学校可根据各自的实验室条件选择测定方法。

（2）为了训练学生独立分析问题、解决问题的能力，满足应用型创新性人才培养的需要，本书最后增加了综合设计实验。既考虑实验内容的广泛性，实验能力训练的多样性，循序渐进，又考虑了综合设计、应用创新能力的训练，达到素质教育与技能培养并行。

（3）本教材除了每个实验项目给出实验思考题，最后还增加了综合复习题，并附上每个实验思考题的答案，以便于学生更好地掌握各个实验，为学生平时考试和考研复习提供了便利。

本书由多年从事环境监测实验教学工作的教师张存兰、商书波主编，德州学院张秀玲教授、辛炳炜教授、李洪亮教授以及兰州大学陈强教授等主审，王芳、王爱丽等参加了部分编写工作，书中插图由王芳绘制。此外，本书在编写过程中得到了德州市环境类相关企业的支持，并有多年从事环境监测工作的德州市环境监测站高级工程师刘洪燕及德州上实环境（德州）污水处理有限公司高级工程师刘强参与了教材的编写工作；在教材编写过程中还得到了化学化工学院其他老师的支持与帮助，在此表示衷心感谢。

由于编者水平有限，书中疏漏之处在所难免，敬请读者批评指正。

编　者

2018 年 2 月

目 录

第一章　基础知识

第一节　环境监测实验的目标、任务与要求

环境监测实验这门课程的任务是使学生掌握水质、大气、土壤、城镇垃圾等污染监测的基本原理、技术方法和监测过程中的质量保证等。培养学生进一步获取知识的能力和创新思维的习惯。通过本课程的学习，使学生掌握环境监测的基本理论知识和基本分析方法，培养学生实事求是的科学作风，使学生具备初步独立进行环境分析的能力。也为后继相关课程学习与实践打下良好的基础。

本课程的主要教学目标，一是使学生能掌握环境监测实验的基本方法和技能，从而能根据所学的原理设计实验、选择和使用仪器；二是锻炼学生观察实验现象、正确记录和处理数据、分析实验结果的能力，培养严肃认真、实事求是的科学态度和作风。同时了解近代大型仪器的性能及在环境监测中的应用，了解计算机控制实验条件、采集实验数据和进行数据处理的基本知识。培养学生的动手能力、观察能力、查阅文献的能力、思维创新能力、表达能力和归纳处理、分析实验数据及撰写科学报告的能力，从而培养学生的创新精神，提高学生的综合科研素质。三是巩固和加深对环境监测方法原理的理解，提高学生对环境监测知识灵活应用的创新能力。

环境监测实验的具体要求。

（1）实验前认真预习并书写预习报告，包括实验题目、原理、步骤、列表并查好有关数据，了解实验注意事项。

（2）严格按操作规程操作，仔细观察实验现象，及时如实的记录实验现象和数据。

（3）善于思考，能运用所学知识解释实验现象和有关问题。

（4）室内干净，台面整齐、卫生。

（5）注意安全。水、电、化学试剂、废酸及废碱液的处理等。

（6）及时送交实验报告。

第二节　实验室安全

实验室内意外事故处理。

（1）割伤：若被玻璃割伤，应先检查伤口内有无玻璃碎片，挑出碎片后，轻伤可以涂上红汞、紫药水或碘酒，然后包扎好。伤口较重时，进行简单处理后，尽快去医务室或医院。

（2）烫伤：烫伤后切勿用冷水冲洗。如伤处皮肤未破，可用饱和 $NaHCO_3$ 溶液或稀氨水冲洗，再涂上烫伤膏或凡士林。如伤处皮肤已破，可涂些紫药水或 10% $KMnO_4$ 溶液。

（3）强酸（或强碱）腐蚀：若眼上或皮肤上溅着强酸（或强碱），应立即用大量水冲洗，

然后用饱和 $NaHCO_3$ 溶液（或硼酸溶液）冲洗，最后再用水冲洗。

（4）被溴、磷灼伤：被溴灼伤后先用水冲洗，然后用苯或甘油洗，再用水洗。受白磷灼伤，用 5%硫酸铜溶液冲洗，然后用经硫酸铜溶液润湿的纱布覆盖包扎。

（5）吸入刺激性或有毒气体：吸入氯气、氯化氢气体时，可吸入少量酒精和乙醚的混合蒸气进行解毒。吸入硫化氢或一氧化碳气体感到不适时，应立即到室外呼吸新鲜空气。

注意：吸入氯、溴气中毒时，不可进行人工呼吸，一氧化碳中毒不可施用兴奋剂。

（6）毒物进入口内：把 5～10 mL 稀硫酸铜溶液加入一杯温水中，内服后用手指伸入咽喉部，促使呕吐，以排出毒物，然后立即送医院。

（7）触电：迅速切断电源，必要时进行人工呼吸。

（8）起火：起火后，应立即针对起火原因选用合适的灭火方法。若因酒精、苯或乙醚等引起着火，火较小时，可用湿布、石棉布或砂子覆盖灭火。火势大时可用泡沫灭火器。若遇电器设备起火，必须先切断电源，再用二氧化碳、四氯化碳灭火器。在灭火的同时，要迅速移走易燃、易爆物品，以防火势蔓延。实验人员衣服着火时，切勿惊慌乱跑，应赶快脱下衣服，或用石棉布覆盖着火处。

第三节　环境监测实验室规则

（1）实验前要做好预习和实验准备工作，明确实验目的，了解实验内容及注意事项。预习不充分者不准进行实验。

（2）实验时要遵守纪律，保持肃静，集中精神，认真操作，仔细观察，积极思考，如实详细地做好记录。

（3）实验时应保持实验室和实验台面的整洁，仪器药品应放在固定的位置上。

（4）要按规定量取用试剂，注意节约。不得将公用药品取走。从瓶中取出药品后，不得将药品再倒回原瓶中，以免带入杂质。取用固体药品时，切勿使其撒落在实验台上。

（5）要爱护国家财物，小心地使用仪器和实验设备。各人应取用自己的仪器，未经允许，不得动用他人仪器。仪器如有损坏，要及时登记补领，并按赔偿制度酌情赔偿。要节约水、电、煤气、酒精等。

（6）使用精密仪器时，必须严格遵守操作规程，细心谨慎。发现故障应立即停止使用，及时报告老师予以排除。

（7）实验结束后，随时将所用仪器洗刷干净，并放回实验柜内。将实验台及试剂架擦干净，清理水槽，关好电门、水和煤气开关。实验柜内仪器应存放有序，清洁整齐。

（8）每次实验后，由学生轮流值日，负责打扫和整理实验室，检查水、电、煤气是否关闭，关好门窗，以保持实验室的整洁与安全。

（9）实验室内所有仪器、药品及其他用品，未经允许一律不许带出室外。

第四节　实验报告的内容与要求

实验报告应简明扼要，书写工整，不要随意涂改，更不能相互抄袭。

实验报告的格式没有统一规定，不同类型实验的报告格式也不同。实验报告要用专用的实验报告纸，报告应当包括题目、日期、实验目的、原理（简单地用文字、化学反应式、计算式说明）、主要试剂和仪器、步骤（简单流程）、原始数据记录及分析结果的处理（表格式）、问题讨论等内容。 实验报告中的部分内容，如原理、表格、公式等要在预习中事先准备好，数据在实验步骤中及时记录。其他内容在试验完成后补齐。

第五节　玻璃器皿的洗涤与干燥

1. 玻璃器皿的洗涤

洗涤要求：环境监测实验中使用的玻璃器皿应洁净透明，其内外壁能为水均匀地润湿且不挂水珠。

（1）烧杯、量筒、锥形瓶、量杯等，先用毛刷蘸去污粉（由碳酸钠、白土、细砂等混合而成）或合成洗涤剂刷洗，再用自来水洗净最后蒸馏水润洗（本着“少量、多次”的原则）3次。

（2）滴定管、移液管、吸量管、容量瓶等（有精确刻度），用 0.2% ~ 0.5%的合成洗涤液或铬酸洗液浸泡几分钟（铬酸洗液收回）自来水洗净，用蒸馏水润洗 3 次光度分析用的比色皿，由光学玻璃或石英制成，可用热的 HCl-乙醇浸泡，再用自来水洗净，最后去离子水洗净。

2. 常用洗涤剂

（1）铬酸洗液：$K_2Cr_2O_7$-浓 H_2SO_4。

把 10 g $K_2Cr_2O_7$ 加入 20 mL 水中，加热搅拌溶解，冷却后慢慢加入 200 mL 浓硫酸，储存于玻璃瓶中。具有强酸性、强氧化性，对有机物、油污等的去污能力特别强。使用过程中洗液为暗红色为有效，变为绿色时表明已失效。

（2）合成洗涤剂、稀 HCl、NaOH-$KMnO_4$、乙醇-稀 HCl、NaOH-乙醇溶液（去有机物效果较好）等。

3. 玻璃仪器的干燥

（1）空气晾干，又叫风干。

（2）烤干：将仪器外壁擦干后用小火烘烤（不停转动仪器，使其受热均匀）。适用于试管、烧杯、蒸发皿等仪器的干燥。

（3）烘干：将仪器放在金属托盘上置于烘箱中，控制温度在 105 °C 左右烘干。但不能用于精密度高的容量仪器的烘干。

（4）吹干：用电吹风将仪器吹干。

第二章　水污染监测

实验一　水中悬浮固体的测定

水中的悬浮物质是指颗粒直径在 10^{-4} mm 以上的微粒。肉眼可见。这些微粒主要是由泥沙、黏土、原生动物、藻类、细菌、病毒以及高分子有机物等组成，常常悬浮在水流之中，产生水的浑浊现象。这些微粒很不稳定，可以通过沉淀和过滤除去。水在静置的时候，某些微粒(主要是砂子和黏土一类的无机物质)会沉下来，而另外一些较轻的微粒（主要是动植物及其残骸的一类的有机化合物）会浮于水面上，用过滤等分离方法可以除去。悬浮物是造成浑浊度、色度、气味的主要来源。它们在水中的含量也不稳定，往往随着季节、地区的不同而变化。

固体悬浮物(SS)即总不可滤残渣，是指过滤时留在孔径 0.45 μm 滤膜上，在 103 ~ 105 °C 烘干至恒重的固体。是水环境监测的重要指标，在一定程度上综合反映了水体的水质特征和水体化学元素迁移、转化、归宿的特征和规律。

一、实验目的

（1）掌握悬浮固体（总不可滤残渣）的测定方法。

（2）了解悬浮固体中可滤残渣与总不可滤残渣的测定方法。

二、实验原理

悬浮固体系指剩留在滤料上并于 103 ~ 105 °C 烘至恒重的固体。测定的方法是将水样通过滤料后，烘干固体残留物及滤料，将所称重量减去滤料重量，即为悬浮固体（总不可滤残渣）。

三、实验仪器和试剂

（1）烘箱。

（2）分析天平。

（3）干燥器。

（4）孔径为 0.45 μm 滤膜及相应的滤器或中速定量滤纸。

（5）玻璃漏斗。

（6）内径为 30 ~ 50 mm 称量瓶。

四、实验步骤

（1）将滤膜放在称量瓶中，打开瓶盖，在 103 ~ 105 °C 烘干 2 h，取出冷却后盖好瓶盖称重，直至恒重（两次称量相差不超过 0.000 5 g）。

（2）去除漂浮物后振荡水样，量取均匀适量水样（使悬浮物大于 2.5 mg），通过上面称至恒重的滤膜过滤；用蒸馏水洗残渣 3 ~ 5 次。如样品中含油脂，用 10 mL 石油醚分两次淋洗残渣。

（3）小心取下滤膜，放入原称量瓶内，在 103 ~ 105 °C 烘箱中，打开瓶盖烘 2 h，冷却后盖好盖称重，直至恒重为止。

五、实验数据记录与处理

1. 数据记录

表 2-1 实验数据记录表

悬浮固体+滤膜+称量瓶的质量(g)/A	滤膜+称量瓶的质量(g)/B	水样体积(mL)/V
悬浮固体(mg/L)		

2. 结果计算

将记录数据根据下式计算出测定结果

$$悬浮固体(mg/L)=\frac{(A-B)\times 1\,000\times 1\,000}{V}$$

式中 A——悬浮固体+滤膜及称量瓶重，g；

B——滤膜及称量瓶重，g；

V——水样体积，mL。

六、注意事项

（1）树叶、木棒、水草等杂质应先从水中除去。

（2）废水黏度高时，可加 2 ~ 4 倍蒸馏水稀释，振荡均匀，待沉淀物下降后再过滤。

（3）也可采用石棉坩埚进行过滤。

七、思考题

1. 谈谈总残渣、可滤残渣与悬浮固体的区别？各自如何测定？
2. 影响重量分析法的精度的因素有哪些？

实验二　水质 色度的测定

水是无色透明的，当水中存在某些物质时，会表现出一定的颜色。溶解性的有机物，部分无机离子和有色悬浮微粒均可使水着色。色度是水质的外观指标，水的颜色分为表色和真色。真色是指去除悬浮物后水的颜色，没有去除的水具有的颜色称表色。对于清洁的或浊度很低的水，真色和表色相近，对于着色深的工业废水和污水，真色和表色差别较大。而水的色度一般指真色。

水的颜色常用的测定方法有铂（铬）钴标准比色法、稀释倍数法。其中铂（铬）钴比色法适用于清洁的、带有黄色色调的天然水和饮用水的色度测定；稀释倍数法用于受工业污（废）水污染的地表水和工业废水的色度测定。两种方法单独使用，结果一般不具有可比性。样品和标准溶液的颜色色调不一致时，本方法不适用。本实验测定经 15 min 澄清后样品的颜色，pH 值对颜色有较大影响，在测定颜色时应同时测定 pH 值。

铂（铬）钴标准比色法

一、实验目的

（1）掌握水的颜色测定原理和方法。

（2）掌握铂（铬）钴标准比色法测定水的颜色的原理和方法。

二、实验原理

用氯铂酸钾与氯化钴（或重铬酸钾与硫酸钴）配成标准色列，与水样进行目视比色。每升水中含有 1 mg 铂和 0.5 mg 钴时所具有的颜色，称为 1 度，作为标准色度单位。

如水样浑浊，则放置澄清，也可用离心法或用孔径为 0.45 μm 滤膜过滤以去除悬浮物，但不能用滤纸过滤，因滤纸可吸附部分溶解于水的颜色。

三、实验仪器和试剂

1. 仪器

50 mL 具塞比色管，其刻线高度要一致。

2. 试剂

（1）(铂钴标准比色法)铂钴标准溶液：称取 1.246 g 氯铂酸钾（K_2PtCl_6）(相当于 500 mg 铂）及 1.000 g 氯化钴（$CoCl_2 \cdot 6H_2O$）(相当于 250 mg 钴)，溶于 100 mL 水中，加 100 mL 盐酸，用水定容至 1 000 mL。此溶液色度为 500 度，保存在密塞玻璃瓶中，存放暗处。

（2）(铬钴标准比色法）铬钴标准溶液：称取 0.043 7 g 重铬酸钾和 1.000 g 硫酸钴 ($CoSO_4 \cdot 7H_2O$)，溶于少量水中，加入 0.50 mL 硫酸，用水稀释至 500 mL。此溶液的色度为 500 度。不宜久存。

（3）稀盐酸溶液：取 1 mL 浓盐酸加水稀释至 1 L。

四、实验步骤

1. （铂钴标准比色法）标准色列的配制

向 50 mL 比色管中加入 0、0.50、1.00、1.50、2.00、2.50、3.00、3.50、4.00、4.50、5.00、6.00 及 7.00 mL 铂钴标准溶液，用水稀释至标线，混匀。各管的色度依次为 0、5、10、15、20、25、30、35、40、45、50、60 和 70 度，密塞保存。

本溶液放在严密盖好的玻璃瓶中，存放于暗处，温度不能超过 30 °C，至少可稳定 6 个月。

（铬钴标准比色法）标准色列的配制：向 50 mL 比色管中加入 0、0.50、1.00、1.50、2.00、2.50、3.00、3.50、4.00、4.50、5.00、6.00 及 7.00 mL 铂钴标准溶液，用稀盐酸稀释至标线，混匀。各管的色度依次为 0、5、10、15、20、25、30、35、40、45、50、60 和 70 度，密塞保存。

本溶液放在严密盖好的玻璃瓶中，存放于暗处，温度不能超过 30 °C，至少可稳定 1 个月。

2. 水样的测定

（1）分取 50.0 mL 澄清透明水样于比色管中，如水样色度较大，可酌情少取水样，用水稀释至 50.0 mL。

（2）将水样与标准色列进行目视比较。观察时，可将比色管置于白瓷板或白纸上，使光线从管底部向上透过液柱，目光自管口垂直向下观察，记下与水样色度相同的铂（铬）钴标准色列的色度。

五、实验数据处理

（1）不经稀释的水样：水样色度等于相同的铂（铬）钴标准色列的色度。

（2）经过稀释的水样的色度按下式计算

$$色度（度）= \frac{A \times 50}{B}$$

式中 A ——稀释后水样相当于铂钴标准色列的色度；

B ——水样的体积，mL；

50 ——比色管的体积，mL。

六、注意事项

（1）铬钴标准比色法的标准色列不宜久存。

（2）如果样品中有泥土或其他分散很细的悬浮物，虽经预处理而得不到透明水样时，则只测其表色。

（3）pH 对色度有较大的影响，在测定色度的同时，应测量溶液的 pH。

（4）如测定水样的真色，应放置澄清取上清液，或用离心法去除悬浮物后测定；如测定水样的表色，待水样中的大颗粒悬浮物沉降后，取上清液测定。

稀释倍数法

一、实验目的

（1）掌握水的颜色测定原理和方法。

（2）掌握稀释倍数法测定水的颜色的原理和方法。

二、实验原理

将有色工业废水用无色水稀释到接近无色时，记录稀释倍数，以此表示该水样的色度。并辅以用文字描述颜色性质，如深蓝色、棕黄色等。

三、实验仪器和试剂

50 mL 具塞比色管，其刻线高度要一致。

四、实验步骤

（1）取 100 ~ 150 mL 澄清水样置烧杯中，以白色瓷板为背景，观察并描述其颜色种类。

（2）分取澄清的水样，用水稀释成不同倍数，分取 50 mL 分别置于 50 mL 比色管中，管底部衬一白瓷板，由上向下观察稀释后水样的颜色，并与蒸馏水相比较，直至刚好看不出颜色，记录此时的稀释倍数。

五、数据处理

观察结果记录在表 2-2 中并辅以一定的文字描述，最终稀释倍数即为水样色度。

表 2-2　实验数据记录表

稀释倍数	0（原始水样）	1	2	3	4	5	…	…
水样颜色描述								无色
水样色度（倍）								

六、注意事项

如测定水样的真色，应放置澄清取上清液，或用离心法去除悬浮物后测定；如测定水样的表色，待水样中的大颗粒悬浮物沉降后，取上清液测定。

七、思考题

1. 水样中如有颗粒物如何影响分光光度法测定色度？
2. 水样色度测定有哪几种方法？并进行比较。
3. 什么是水的表色和真色？一般应把水样怎样处理后测定其表色和真色？

实验三　水质 浊度的测定

浊度是表现水中悬浮物对光线透过时所发生的阻碍程度。水中含有泥土、粉砂、微细有机物、无机物、浮游动物和其他微生物等悬浮物和胶体物都可使水样呈现浊度。水的浊度大小不仅和水中存在颗粒物含量有关，而且和其粒径大小、形状、颗粒表面对光散射特性有密切关系。

浊度的高低一般不能直接说明水质的污染程度，但由人类生活和工业污水造成的浊度增高，则表明水质变坏。常用的浊度测定方法有目视比浊法、分光光度法和光电式-浊度仪法。

分光光度法

一、实验目的

（1）了解废水浊度测定的目的与意义。

（2）掌握分光光度法测定浊度的实验步骤和基本原理。

二、实验原理

在适当温度下，将一定量的硫酸肼与六次甲基四胺聚合，形成白色高分子聚合物。以此作参比浊度标准液，与在同样条件下测定的水样的吸光度比较，得知其浊度。

该方法适用于饮用水、天然水及高浊度水，最低检测度为 3 度。

三、实验仪器和试剂

1. 试剂

（1）无浊度水：将蒸馏水通过 0.2 μm 滤膜过滤，收集于用滤过水荡洗两次的烧瓶中。

（2）1 g/100 mL 硫酸肼溶液：称取 1.000 g 硫酸肼[$(N_2H_4)H_2SO_4$]溶于水，定容至 100 mL。注：硫酸肼有毒，可致癌。

（3）10 g/100 mL 六次甲基四胺溶液：称取 10.00 g 六次甲基四胺[$(CH_2)_6N_4$]溶于水，定容至 100 mL。

（4）浊度标准储备液：吸取 5.00 mL 硫酸肼溶液与 5.00 mL 六次甲基四胺溶液于 100 mL 容量瓶中，混匀。于（25±3）°C 下静置反应 24 h。冷却后用水稀释至标线，混匀。此溶液浊度为 400 度，可保存一个月。

2. 仪器

（1）50 mL 具塞比色管。

（2）分光光度计。

四、实验步骤

1. 标准曲线的绘制

吸取浊度标准液 0、0.50、1.25、2.50、5.00、10.00 及 12.50 mL，置于 50 mL 的比色管

中，加水至标线，摇匀后，即得浊度为0，4，10，20，40，80及100度的标准系列。于680 nm波长，用30 mm比色皿测定吸光度，绘制标准曲线。

2. 测定

吸取50.0 mL摇匀水样(无气泡,如浊度超过100度可酌情少取,用无浊度水稀至50.0 mL)，于50 mL比色管中，按绘制标准曲线步骤测定吸光度，由标准曲线上查得水样浊度。

五、实验数据处理

（1）不经稀释的水样：水样浊度等于相同浊度标准系列的浊度。

（2）经过稀释的水样的浊度按下式计算：

$$浊度（度）=\frac{A(B+C)}{C}$$

式中 A——稀释后测得水样的浊度，度；

B——稀释水体积，mL；

C——原水样体积，mL。

六、注意事项

（1）水样应无碎屑及易沉的颗粒。器皿不清洁及水溶解的空气泡会影响测定结果。

（2）不同浊度范围测试结果的精度要求见表2-3：

表2-3 浊度测试精度要求

浊度范围（度）	精度（度）
1～10	1
10～100	5
100～400	10
400～1 000	50
>1 000	100

（3）本法适用于测定天然水、饮用水的浊度。

（4）在测量中比色皿两通光路必须无任何脏点，两侧面和底面无水渍。

目视比浊法

一、实验目的

（1）了解废水浊度测定的目的与意义。

（2）掌握目视比浊法的实验步骤和基本原理。

二、实验原理

将水样和硅藻土（或白陶土）配制的浊度标准液进行比较确定水样浊度。相当于 1 mg

一定粒度的硅藻土（或白陶土）在1000 mL水中所产生的浊度，称为1度。

该方法适用于饮用水和水源水等低浊度的水，最低检测度为1度。

三、实验仪器和试剂

1. 仪器

（1）100 mL具塞比色管。

（2）1 L容量瓶。

（3）250 mL具塞无色玻璃瓶，玻璃质量和直径均需一致。

（4）1 L量筒。

2. 试剂

（1）浊度标准液。

称取10 g通过0.1 mm筛孔（150目）的硅藻土，于研钵中加入少许蒸馏水调成糊状并研细，移至1 000 mL量筒中，加水至刻度。充分搅拌，静置24 h，用虹吸法仔细将上层800 mL悬浮液移至第二个1 000 mL量筒中。向第二个量筒内加水至1 000 mL，充分搅拌后再静置24 h。

虹吸出上层含较细颗粒的800 mL悬浮液，弃去。下部沉积物加水稀释至1 000 mL。充分搅拌后储于具塞玻璃瓶中，作为浑浊度原液。其中含硅藻土颗粒直径大约为400 μm。取上述悬浊液50 mL置于已恒重的蒸发皿中，在水浴上蒸干。于105 °C烘箱内烘2 h，置干燥器中冷却30 min，称重。重复以上操作，即，烘1 h，冷却，称重，直至恒重。求出每毫升悬浊液中含硅藻土的重量（mg）。

（2）吸取含250 mg硅藻土的悬浊液，置于1 000 mL容量瓶中，加水至刻度，摇匀。此溶液浊度为250度。

（3）吸取浊度为250度的标准液100 mL置于250 mL容量瓶中，用水稀释至标线，此溶液浊度为100度的标准液。

于上述原液和各标准液中加入1 g氯化汞，以防菌类生长。

四、实验步骤

1. 浊度低于10度的水样

（1）吸取浊度为100度的标准液0.0、1.0、2.0、3.0、4.0、5.0、6.0、7.0、8.0、9.0及10.0 mL于100 mL比色管中，加水稀释至标线，混匀。其浊度依次为0、1.0、2.0、3.0、4.0、5.0、6.0、7.0、8.0、9.0、10.0度的标准液。

（2）取100 mL摇匀水样置于100 mL比色管中，与浊度标准液进行比较。可在黑色底板上，由上往下垂直观察。

2. 浊度为10度以上的水样

（1）吸取浊度为250度的标准液0、10、20、30、40、50、60、70、80、90及100 mL置于250 mL的容量瓶中，加水稀释至标线，混匀。即得浊度为0、10、20、30、40、50、60、70、80、90和100度的标准液，移入成套的250 mL具塞玻璃瓶中，每瓶加入1 g氯化汞，以防菌类生长，密塞保存。

（2）取 250 mL 摇匀水样，置于成套的 250 mL 具塞玻璃瓶中，瓶后放一有黑线的白纸作为判别标志，从瓶前向后观察，根据目标清晰程度，选出与水样产生视觉效果相近的标准液，记下其浊度值。

五、实验数据处理

浊度的计算：

（1）不经稀释的水样：水样浊度等于相同浊度标准系列的浊度。

（2）经过稀释的水样的浊度按下式计算。

$$\text{浊度（度）} = \frac{A(B+C)}{C}$$

式中 A——稀释后测得水样的浊度，度；

B——稀释水体积，mL；

C——原水样体积，mL。

六、注意事项

（1）水样浊度超过 100 度时，用水稀释后测定。

（2）不同浊度范围测试结果的精度要求如表 2-4。

表 2-4　浊度测试精度要求

浊度范围（度）	精度（度）
1 ~ 10	1
10 ~ 100	5
100 ~ 400	10
400 ~ 1 000	50
>1 000	100

光电式-浊度仪法

一、实验目的

（1）了解废水浊度测定的目的与意义。

（2）掌握光电式浊度仪测浊度的实验步骤和基本原理。

二、实验原理

浊度仪是根据浊度对光进行散射或透射的原理制成的。任何真正的浊度都必须按这种方式测量。浊度仪既适用于野外和实验室内的测量，也适用于全天候的连续监测。

当光束通过样品时，其光能量就会被不溶物（浊度）吸收而减弱，光能量减弱的程度和浑浊度之间的比例关系符合朗伯-比耳定律所确定的关系。即

$$A=\varepsilon bC,\quad A=\lg\frac{I_0}{I},\quad T=\frac{I}{I_0}$$

式中　T——透射比；

A——吸光度；

C——水样的浑浊度；

I_0——入射光强度；

I——透射光强度；

ε——摩尔吸光系数；

b——浑浊度的光经长度。

当二束波长不同的单色光照射到被测样品表面时，样品中的不溶物（代表浊度）使入射光产生散射，散射光的强度与不溶物的密度成正比，仪器采用精密的光电接收器，使信号经转换、自动稳态和放大后直接显示出样品的浊度。

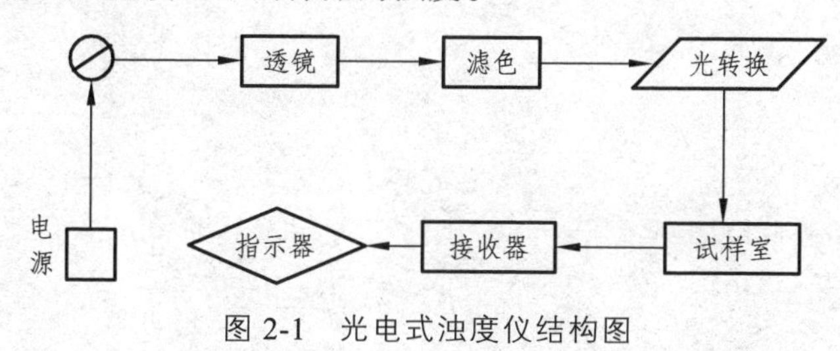

图 2-1　光电式浊度仪结构图

三、实验仪器

光电式浊度仪（测量范围：0 ~ 200NTU）。

四、实验步骤

（1）仔细检查浊度标准板，如有灰尘、污渍，可用脱脂棉加乙醇、乙醚各半混合液擦净，比色皿可用清洁剂或洗涤精清洗，然后用清水冲净，两个透光面擦干。仪器预热 10 min。

（2）在试样槽后方紧靠右插入浊度标准板（有编号面朝左）。

（3）将浊度标准板置入光路，调整（校准）旋钮使显示读数为浊度标准板出厂标定值-NTU，在此以后“校准”旋钮不能再随意变动，取出标准板。

（4）在比色皿内放入无浊度水（约 3/4 高度），放入试样槽，调节“零位”钮使显示数为 0。

（5）在比色皿内放入水样（约 3/4 高度），放入试样槽，等读数稳定后读出水样浊度。

五、注意事项

（1）仪器标准板出厂前已用标准液标定，如用户需重新标定，只要用 10NTU 标准液和零浊度水逆向进行以上步骤，重新测定标定值。

（2）被测溶液应沿试样槽壁小心倒入，防止产生气泡，影响测量准确性。

（3）更换试样槽或标准溶液及经维修后，必须重新进行标定。

（4）测量池内必须长时间清洁干燥、无灰尘、不用时须盖上遮光盖。

（5）潮湿气候使用，必须相应延长开机时间。

六、思考题

1. 天然水呈现浊度的物质有哪些?
2. 浊度与悬浮物的质量浓度有无关系?为什么?
3. 对比三种测量方法。

实验四　化学需氧量的测定

化学需氧量是以化学方法测量水样中易被强氧化剂氧化的还原性物质（亚硝酸盐、硫化物、亚铁盐等无机物和有机物等）的量，结果折算成每升水样全部被氧化后，需要的氧的质量，以 mg/L 表示。测定结果包括水样中的溶解性物质和悬浮物，虽然不能说明具体污染物质的含量，但它反映了水体受还原性物质污染的程度，只能反映被氧化的有机物的相对含量。在酸性重铬酸钾条件下，芳烃和吡啶难以被氧化，其氧化率较低。在硫酸银催化作用下，直链脂肪族化合物可有效地被氧化。无机还原性物质如亚硝酸盐、硫化物和二价铁盐等将使测定结果增大，其需氧量也是 COD 的一部分。测定 COD 常用的方法为重铬酸钾法，记作 CoD_{cr}。

一、实验目的

（1）学习和掌握化学需氧量的测定原理和方法。

（2）学习和掌握重铬酸钾法测定化学需氧量的方法。

（3）深化对返滴定法的理解。

二、实验原理

在强酸性溶液中，加入过量的重铬酸钾标准溶液，加热回流，将水样中的还原性物质氧化，过量的重铬酸钾以试亚铁灵作指示剂，用硫酸亚铁铵溶液回滴，根据所消耗的重铬酸钾标准溶液量计算水样化学需氧量。

反应过程如下：

$$Cr_2O_7^{2-} + 14H^+ + 6e^- = 2Cr^{3+} + 7H_2O$$

$$Cr_2O_7^{2-} + 14H^+ + 6Fe^{2+} = 6Fe^{3+} + 2Cr^{3+} + 7H_2O$$

$$Fe^{2+} + \text{试亚铁灵} \rightarrow \text{红褐色}$$

本方法适用于各种类型的含 COD 值大于 30 mg/L 的水样，对未经稀释的水样的测定上限为 700 mg/L，不适用于含氯化物浓度大于 1000 mg/L(稀释后)的含盐水。

三、实验仪器和试剂

1. 试剂

（1）重铬酸钾标准溶液（$\frac{1}{6}K_2Cr_2O_7$=0.250 0 mol/L）；称取预先在 120 °C 烘干 2 h 的基准或优级纯重铬酸钾 12.258 g 溶于水中，移入 1 000 mL 容量瓶，稀释至标线，摇匀。

（2）硫酸亚铁铵标准溶液 $c[(NH_4)_2Fe(SO_4)_2 \cdot 6H_2O] \approx 0.1$ mol/L，临用前用重铬酸钾标准溶液标定。

配制方法：称取 39.5 g 硫酸亚铁铵溶于水中，边搅拌边缓慢加入 20 mL 浓硫酸。冷却后移入 1 000 mL 容量瓶中，加水稀释至标线，摇匀。

标定方法：准确吸取 10.00 mL 重铬酸钾标准溶液于 500 mL 锥形瓶中，加水稀释至 110 mL 左右，缓慢加入 30 mL 浓硫酸，混匀。冷却后，加入 3 滴试亚铁灵指示液（约 0.15 mL），用硫酸亚铁铵溶液滴定，溶液的颜色由黄色经蓝绿色至红褐色为终点。

按下式计算硫酸亚铁铵溶液浓度：

$$C=\frac{0.250\ 0\times 10.00}{V}$$

式中　C——硫酸亚铁铵标准溶液的浓度，mol/L；

V——硫酸亚铁铵标准溶液的用量，mL。

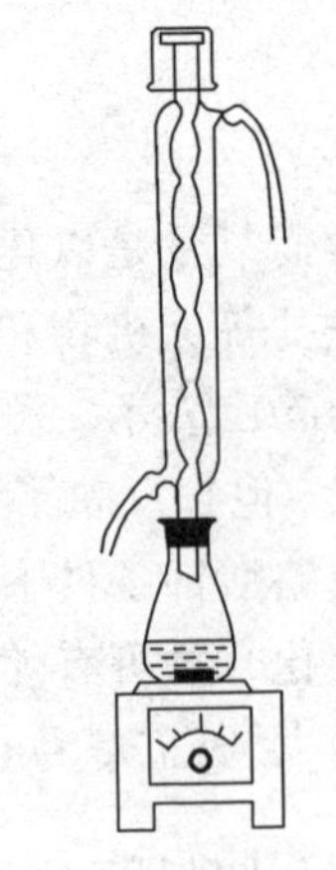

图 2-2　全玻璃回流装置

（3）试亚铁灵指示液：称取 1.485 g 邻菲啰啉，0.695 g 硫酸亚铁溶于水中，稀释至 100 mL，储于棕色瓶中。

（4）硫酸-硫酸银溶液：于 500 mL 浓硫酸中加入 5 g 硫酸银。放置 1 ~ 2 d，不时摇动使其溶解。

（5）硫酸-磷酸-硫酸银溶液：称取 10 g 硫酸银溶于 200 mL 浓磷酸，加 800 mL 浓硫酸（H_2SO_4 : H_3PO_4=4 : 1）。

（6）硫酸汞：结晶或粉末。

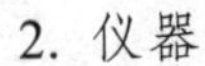

2. 仪器

（1）250 mL 全玻璃回流装置，见图 2-2。

（2）加热装置（电炉）。

（3）25 mL 或 50 mL 酸式滴定管、锥形瓶、移液管、容量瓶等。

四、实验步骤

（1）取 20.00 mL 混合均匀的水样（或适量水样稀释至 20.00 mL）置于 250 mL 磨口的回流锥形瓶中，加入 0.4 g 硫酸汞，摇动使溶解，准确加入 10.00 mL 重铬酸钾标准溶液及数粒小玻璃珠或沸石，连接磨口回流冷凝管，从冷凝管上口慢慢地加入 30 mL 硫酸-硫酸银溶液（或硫酸-磷酸-硫酸银溶液，可缩短回流时间至 25 min），轻轻摇动锥形瓶使溶液混匀，加热回流 2 h（自开始沸腾时计时）。

（2）冷却后，用 90 mL 水冲洗冷凝管壁，取下锥形瓶。溶液总体积不得少于 140 mL，否则因酸度太大，滴定终点不明显。

（3）溶液再度冷却后，加 3 滴试亚铁灵指示液，用硫酸亚铁铵标准溶液滴定，溶液颜色由黄色经蓝绿色至红褐色为终点，记录硫酸亚铁铵标准溶液的用量。

（4）测定水样的同时，取 20.00 mL 重蒸馏水，按同样操作步骤做空白实验。记录滴定空白时硫酸亚铁铵标准 溶液的用量。

五、实验数据处理

COD 质量浓度按下式计算：

$$COD_{Cr}(O_2,mg/L)=\frac{(V_0-V_1)\times C\times 1\ 000\times 8}{V}$$

式中　C——硫酸亚铁铵标准溶液的浓度，mol/L；

V_0——滴定空白时硫酸亚铁铵标准用液用量，mL；

V_1——滴定水样时硫酸亚铁铵标准用液用量，mL；

V——水样的体积，mL；

8 ——氧（1/2O）摩尔质量，g/mol。

六、注意事项

（1）有的水样上下层液 COD 值相差很大，所以在取样的时候一定要摇匀后马上吸取。

（2）加浓硫酸后必须充分摇匀后才能加热回流，若溶液颜色变绿，说明 COD 太高，应适当稀释后测定。

稀释方法：先取上述操作所需体积 1/10 的废水样和试剂，加入硬质玻璃试管中，摇匀，加热后观察是否变成绿色。如溶液显绿色，再适当减少废水取样量，直到溶液不变绿色为止，从而确定废水样分析时应取用的体积。所取废水样量不得少于 5 mL，且溶液加入对应量的试剂后加热不变绿色为止。

（3）使用 0.4 g 硫酸汞络合氯离子的最高量可达 40 mg，如取用 20.00 mL 水样，即最高可络合 2 000 mg/L 氯离子浓度的水样。若氯离子的浓度较低，也可少加硫酸汞，使保持硫酸汞：氯离子=10：1（W/W）。若出现少量氯化汞沉淀，并不影响测定。

（4）水样取用体积可在 10.00 ~ 50.00 mL 范围内，但试剂用量及浓度需按表 2-5 进行相应调整，也可得到满意的结果。

表 2-5　水样取用量和试剂用量表

水样体积 /mL	0.2500 mol/L K_2CrO_7 溶液/mL	$HgSO_4$-Ag_2SO_4 溶液/mL	$HgSO_4$ /g	$[(NH_4)_2Fe(SO_4)_2]$ /(mol/L)	滴定前总体积/mL
10.0	5.0	15.0	0.2	0.050	70.0
20.0	10.0	30.0	0.4	0.100	140.0
30.0	15.0	45.0	0.6	0.150	210.0
40.0	20.0	60.0	0.8	0.200	280.0
50.0	25.0	75.0	1.0	0.250	350.0

（5）对于化学需氧量小于 50 mg/L 的水样，应改用 0.0250 mol/L 重铬酸钾标准溶液。回滴时用 0.01 mol/L 硫酸亚铁铵标准溶液。

（6）水样加热回流后，溶液中重铬酸钾剩余量应为加入量的 1/5 ~ 4/5 为宜。

（7）氯离子不能被重铬酸钾氧化，并且能与硫酸银作用产生沉淀，影响测定结果，故在回流前向水样中加入硫酸汞，使其成为络合物以消除干扰。使用 0.4 g 硫酸汞络合氯离子的最高量可达 40 mg，若氯离子浓度更高，应补加硫酸汞，保持硫酸汞：氯离子质量比=10：1，若出现少量氯化汞沉淀，并不影响测定。若氯离子浓度大于 30 mg/L，先对水样预处理：取 50 mL 水样加 0.4 g 硫酸汞和 5 mL 浓硫酸，摇匀。

（8）冷却水的流量应控制在用手触摸冷凝管外壁不能有温感，否则水样中的低沸点有机物也会挥发损失，使测定结果偏低。

（9）用邻苯二甲酸氢钾标准溶液检查试剂的质量和操作技术时，由于每克邻苯二甲酸氢钾的理论 COD_{cr} 为 1.176 g，所以溶解 0.425 1 g 邻苯二甲酸氢钾（$HOOCC_6H_4COOK$）于重蒸馏水中，转入 1 000 mL 容量瓶，用重蒸馏水稀释至标线，使之成为 500 mg/L 的 COD_{cr} 标准溶液，用时新配。

（10）COD_{cr}的测定结果应保留三位有效数字。

（11）每次实验时，应对硫酸亚铁铵标准滴定溶液进行标定，室温较高时尤其注意其浓度的变化。

七、思考题

1. 试亚铁灵指示剂能不能在加热回流结束时加入？为什么？
2. 水中 COD 的测定属于何种滴定方式？为何要采取这种方式滴定？
3. COD 的测定过程中，硫酸汞和硫酸-硫酸银（或硫酸-磷酸-硫酸银）各起什么作用？

实验五 水中铬的测定

铬的化合物常见价态有正三价和正六价。在水体中，六价铬一般以 CrO_4^{2-}、$HCr_2O_7^-$、$Cr_2O_7^{2-}$三种阴离子形式存在，受水体 pH、温度、氧化还原物质、有机物等因素影响，三价铬和六价铬化合物可以互相转化。

铬是生物体所必需的微量元素之一。铬的毒性与其存在价态有关，六价铬具有强毒性，为致癌物质，并易被人体吸收而在体内蓄积。通常认为六价铬的毒性比三价铬大 100 倍。但是，对鱼类来说，三价铬化合物的毒性比六价铬大。当水中六价铬浓度达 1 mg/L 时，水呈黄色并有涩味；三价铬浓度达 1 mg/L 时，水的浊度明显增加。陆地天然水中一般不含铬；海水中铬的平均浓度为 0.05 μg/L；饮用水中更低。

铬的工业污染源主要来自铬矿石加工、金属表面处理、皮革鞣制、印染等行业产生的废水。废水中铬的测定方法主要有二苯碳酰二肼分光光度法、原子吸收分光光度法、等离子体发射光谱法和硫酸亚铁铵滴定法。六价铬的测定常采用二苯碳酰二肼分光光度法，滴定法适用于含铬量较高的水样。

一、实验目的

（1）掌握六价铬和总铬的测定方法，熟练应用分光光度计。

（2）掌握废水中金属化合物的测定原理和方法。

（3）了解水中铬污染对环境的影响及其测定铬的意义。

二、实验原理

该法是在酸性溶液中，六价铬离子与二苯碳酰二肼反应，生成紫红色化合物，其最大吸收波长为 540 nm，吸光度与浓度的关系符合比尔定律。如果测定总铬，需先用高锰酸钾将水样中的三价铬氧化为六价，再用本法测定，总铬减去六价铬即为三价铬。

此方法的适用范围是地表水和工业废水。

三、实验仪器和试剂

1. 仪器

（1）分光光度计，比色皿（1 cm、3 cm）。

（2）50 mL 具塞比色管、移液管、容量瓶等。

2. 试剂

（1）丙酮。

（2）硫酸（1 + 1）。

（3）磷酸（1 + 1）。

（4）0.2%（m/V）氢氧化钠溶液。

（5）氢氧化锌共沉淀剂：称取硫酸锌（$Zn_SO_4 \cdot 7H_2O$）8 g，溶于 100 mL 水中；称取氢氧化钠 2.4 g，溶于 120 mL 水中。将以上两种溶液混合。

（6）4%（m/V）高锰酸钾溶液。

（7）铬标准储备液：称取于 120 °C 干燥 2 h 的重铬酸钾（优级纯）0.282 9 g，用水溶解，移入 1 000 mL 容量瓶中，用水稀释至标线，摇匀。每毫升储备液含 0.100 mg 六价铬。

（8）铬标准使用液：吸取 5.00 mL 铬标准储备液于 500 mL 容量瓶中，用水稀释至标线，摇匀。每毫升标准使用液含 1.00 μg 六价铬。使用当天配制。

（9）20%（m/V）尿素溶液。

（10）2%（m/V）亚硝酸钠溶液。

（11）二苯碳酰二肼溶液：称取二苯碳酰二肼（简称 DPC，$C_{13}H_{14}N_4O$）0.2 g，溶于 50 mL 丙酮中，加水稀释至 100 mL，摇匀，储于棕色瓶内，置于冰箱中保存。颜色变深后不能再用。

（12）测定总铬的试剂。

① 硝酸；硫酸；三氯甲烷；

② 1 + 1 的氨水溶液；

③ 5%（m/V）铜铁试剂：称取铜铁试剂[$C_6H_5N(NO)ONH_4$] 5 g，溶于冰冷水中并稀释至 100 mL。临用时现配。

四、实验步骤

(一) 六价铬的测定

1. 水样预处理

（1）对不含悬浮物、低色度的清洁地面水，可直接进行测定。

（2）如果水样有色但不深，可进行色度校正。即另取一份试样，加入除显色剂以外的各种试剂，以 2 mL 丙酮代替显色剂，用此溶液为测定试样溶液吸光度的参比溶液。

（3）对于浑浊且色度较深的水样，应加入氢氧化锌共沉淀剂并进行过滤处理。

（4）水样中存在次氯酸盐等氧化性物质时，会干扰测定，可加入尿素和亚硝酸钠消除。

（5）水样中存在低价铁、亚硫酸盐、硫化物等还原性物质时，可将 Cr（Ⅵ）还原为 Cr^{3+}，此时，调节水样 pH 至 8，加入显色剂溶液，放置 5 min 后再酸化显色，并以同法作标准曲线。

2. 标准曲线的绘制

取 9 支 50 mL 比色管，依次加入 0、0.20、0.50、1.00、2.00、4.00、6.00、8.00 和 10.00 mL 铬标准使用液，用水稀释至标线，加入 0.5 mL（1 + 1）硫酸和 0.5 mL（1 + 1）磷酸，摇匀。加入 2 mL 显色剂溶液，摇匀。5 ~ 10 min 后，于 540 nm 波长处，用 1 cm 或 3 cm 比色皿，以水为参比，测定吸光度并作空白校正。以吸光度为纵坐标，相应六价铬含量为横坐标绘出标准曲线。

3. 水样的测定

取适量（含 Cr(Ⅵ)少于 50 μg）无色透明或经预处理的水样于 50 mL 比色管中，用水稀释至标线，测定方法同标准溶液。进行空白校正后根据所测吸光度，从标准曲线上查得 Cr(Ⅵ)含量。

（二）总铬的测定

1. 水样预处理

（1）一般清洁地面水可直接用高锰酸钾氧化后测定。

（2）对含大量有机物的水样，需进行消解处理。即取 50 mL 或适量（含铬少于 50 μg）水样，置于 150 mL 烧杯中，加入 5 mL 硝酸和 3 mL 硫酸，加热蒸发至冒白烟。如溶液仍有色，再加入 5 mL 硝酸，重复上述操作，至溶液清澈，冷却。用水稀释至 10 mL，用氨水溶液中和 pH 至 1 ~ 2，移入 50 mL 容量瓶中，用水稀释至标线，摇匀，供测定。

（3）如果水样中钼、钒、铁、铜等含量较大，先用铜铁试剂-三氯甲烷萃取除去，然后再进行消解处理。

2. 高锰酸钾氧化三价铬

取 50.0 mL 或适量（铬含量少于 50 μg）清洁水样或经预处理的水样（如不到 50.0 mL，用水补充至 50.0 mL）于 150 mL 锥形瓶中，用氨水溶液和硫酸溶液调至中性，加入几粒玻璃珠，加入 1 + 1 硫酸和 1 + 1 磷酸各 0.5 mL，摇匀。加入 4% 高锰酸钾溶液 2 滴，如紫色消退，则继续滴加高锰酸钾溶液至保持紫红色。加热煮沸至溶液剩约 20 mL。冷却后，加入 1 mL 20% 的尿素溶液，摇匀。用滴管加 2% 亚硝酸钠溶液，每加一滴充分摇匀，至紫色刚好消失。稍停片刻，待溶液内气泡逸尽，转移至 50 mL 比色管中，稀释至标线，供测定。

标准曲线的绘制、水样的测定和计算同六价铬的测定。

五、实验数据处理

1. 数据记录

表 2-7　实验数据记录表

编号	1	2	3	4	5	6	7	8	9	水样	空白
标准液体积/mL	0	0.2	0.5	1	2	4	6	8	10		
氨氮含量/μg											
测定吸光度											
校正吸光度											

2. 标准曲线的绘制

以 Cr(Ⅵ)含量（μg）为横坐标，校正吸光度为纵坐标绘制标准线，并写出回归方程。

由水样的校正吸光度，从标准曲线上查得（或由回归曲线计算）Cr(Ⅵ)含量，按下式计算：

$$c_{\mathrm{Cr(VI)}}(\mathrm{mg/L})=\frac{m}{V}$$

式中　m——从标准曲线上查得的 Cr(Ⅵ)量，μg；

V——水样的体积，mL。

六、注意事项

（1）用于测定铬的玻璃器皿不应用重铬酸钾洗液洗涤。

（2）Cr（Ⅵ）与显色剂的显色反应一般控制酸度在 0.05 ~ 0.3 mol/L（$1/2H_2SO_4$）范围，以 0.2 mol/L 时显色最好。显色前，水样应调至中性。显色温度和放置时间对显色有影响，在 15 °C 时，5 ~ 15 min 颜色即可稳定。

（3）如测定清洁地面水样，显色剂可按以下方法配制：溶解 0.2 g 二苯碳酰二肼于 100 mL 95%的乙醇中，边搅拌边加入 1 + 9 的硫酸 400 mL。该溶液在冰箱中可存放一个月。用此显色剂，在显色时直接加入 2.5 mL 即可，不必再加酸。但加入显色剂后，要立即摇匀，以免 Cr(Ⅵ)可能其中的乙酸还原。

七、思考题

1. 测总铬时，加入高锰酸钾溶液，如果颜色继续褪去，为什么要补加高锰酸钾？

2. 二苯碳酰二肼分光光度法测定水中总铬时，含大量有机物的废水样经硝酸-硫酸消解后，为什么还要加高锰酸钾氧化后才能测定？

3. 测定六价铬或总铬的器皿能否用重铬酸钾洗液洗涤？为什么？应使用何种洗涤剂洗涤？

实验六 水中氨氮的测定

水中的氨氮是指以游离氨（或称非离子氨，NH_3）和离子氨（NH_4^+）形式存在的氮，两者的组成比决定于水的 pH 值。对地面水，常要求测定非离子氨。当 pH 值偏高时，游离氨的比例较高。反之，则郭子氨的比例为高。

水中氨氮主要来源于生活污水中含氮有机物受微生物作用的分解产物，焦化、合成氨等工业废水，以及农田排水等。氨氮含量较高时，对鱼类呈现毒害作用，对人体也有不同程度的危害。

氨氮的测定方法，通常有纳氏试剂分光光度法、苯酚-次氯酸盐（或水杨酸-次氯酸盐）分光光度法和电极法等。纳氏试剂比色法具有操作简便、灵敏等特点，但钙、镁、铁等金属离子、硫化物、醛、酮类，以及水中色度和混浊等干扰测定，需要相应的预处理。苯酚-次氯酸盐分光光度法具灵敏、稳定等优点，干扰情况和消除方法同纳氏试剂比色法。电极法通常不需要对水样进行预处理和具测量范围宽等优点。氨氮含量较高时，可采用蒸馏-酸滴定法。

纳氏试剂分光光度法

一、实验目的

（1）掌握纳氏试剂分光光度法测定氨氮的原理和技术。

（2）熟悉氨氮测定的其他方法。

（3）掌握标准曲线的绘制方法。

（4）了解水中氨氮测定的意义。

二、实验原理

1. 纳氏试剂分光光度法原理

（1）预蒸馏：用光度法测定氨氮，当水样污染较重，需进行预蒸馏。方法是在已调至中性的水样中加入磷酸盐缓冲液(pH 为 7.4)，氨呈气态被蒸出，馏出液用稀硫酸或硼酸吸收。

$$3NH_3+H_3BO_3 = (NH_4)_3BO_3 \qquad 2NH_3+H_2SO_4=(NH_4)_2SO_4$$

（2）原理：在碱性条件下，碘化汞和碘化钾的碱性溶液与氨反应生成淡红棕色胶态化合物，其色度与氨氮含量成正比，通常可在波长 410 ~ 425 nm 范围内测其吸光度，计算其含量。反应式如下：

$$\underset{\text{纳氏试剂}}{2K_2[HgI_4]} + 3KOH + NH_3 \longrightarrow \underset{\text{黄或棕色}}{[O\langle^{Hg}_{Hg}\rangle NH_2]I} + 7KI + 2H_2O$$

本法最低检出浓度为 0.025 mg/L（光度法），测定上限为 2 mg/L。采用目视比色法，最低检出浓度为 0.02 mg/L。水样作适当的预处理后，本法可适用于地面水、地下水、工业废水和生活污水。

三、实验仪器与试剂

1. 仪器

（1）分光光度计。

（2）pH 计。

（3）带氮球的定氮蒸馏装置：500 mL 凯氏烧瓶、氮球、直形冷凝管，如图 2-3 所示。

（4）50 mL 比色管；

（5）锥形瓶、刻度吸管。

2. 试剂

配制试剂用水均应为无氨水。

（1）无氨水可选用下列方法之一进行制备。

① 蒸馏法：每升蒸馏水中加 0.1 mL 硫酸，在全玻璃蒸馏器中重蒸馏，弃去 50 mL 初馏液，接取其余馏出液于具塞磨口的玻璃瓶中，密塞保存。

② 离子交换法：使蒸馏水通过强酸性阳离子交换树脂柱。

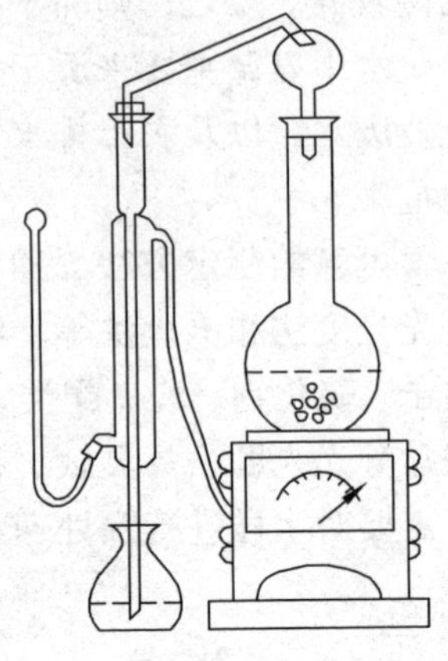

图 2-3　带氮球的定氮蒸馏装置示意图

（2）1 mol/L 盐酸溶液。

（3）1 mol/L 氢氧化钠溶液。

（4）轻质氧化镁（MgO）：将氧化镁在 500 °C 下加热，以除去碳酸盐。

（5）0.05%溴百里酚蓝指示液（pH6.0 ~ 7.6）。

（6）吸收液。

① 硼酸溶液：称取 20 g 硼酸溶于水，稀释至 1 L；

② 0.01 mol/L 硫酸溶液。

（7）纳氏试剂：可选择下列方法之一制备。

① 二氯化汞-碘化钾-氢氧化钾（$HgCl_2$-KI-KOH）溶液：称取 20 g 碘化钾溶于约 25 mL 水中，边搅拌边分次少量加入二氯化汞（$HgCl_2$）结晶粉末（约 10 g），至出现朱红色沉淀且不再溶解时，改为滴加饱和二氯化汞溶液，并充分搅拌，当出现微量朱红色沉淀不再溶解时，停止滴加氯化汞溶液。

另称取 60 g 氢氧化钾溶于水，并稀释至 250 mL，冷却至室温后，将上述溶液徐徐注入氢氧化钾溶液中，用水稀释至 400 mL，混匀。静置过夜，将上清液移入聚乙烯瓶中，密塞保存。

② 碘化汞-碘化钾-氢氧化钠（HgI_2-KI-NaOH）溶液：称取 16 g 氢氧化钠，溶于 50 mL 水中，充分冷却至室温。另称取 7 g 碘化钾和碘化汞（HgI_2）溶于水，然后将此溶液在搅拌下徐徐注入氢氧化钠溶液中。用水稀释至 100 mL，储于聚乙烯瓶中，密塞保存。

（7）酒石酸钾钠溶液：称取 50 g 酒石酸钾钠（$KNaC_4H_4O_6 \cdot 4H_2O$）溶于 100 mL 水中，加热煮沸以除去氨，放冷，定容至 100 mL。

（8）氨氮标准储备溶液：称取 3.819 g 经 100 °C 干燥过的氯化铵（NH_4Cl）溶于水中，移入 1 000 mL 容量瓶中，稀释至标线。此溶液每毫升含 1.00 mg 氨氮。

（9）氨氮标准使用溶液：移取 5.00 mL 铵标准储备液于 500 mL 容量瓶中，用水稀释至标线。此溶液每毫升含 0.010 mg 氨氮。

四、实验步骤

（1）水样预处理：取 250 mL 水样（如氨氮含量较高，可取适量并加水至 250 mL，使氨氮含量不超过 2.5 mg），移入凯氏烧瓶中，加数滴溴百里酚蓝指示液，用氢氧化钠溶液或盐酸溶液调节至 pH=7 左右。加入 0.25 g 轻质氧化镁和数粒玻璃珠，立即连接氮球和冷凝管，导管下端插入吸收液液面下。加热蒸馏，至馏出液达 200 mL 时，停止蒸馏。定容至 250 mL。

采用酸滴定法或纳氏比色法时，以 50 mL 硼酸溶液为吸收液；采用水杨酸-次氯酸盐比色法时，改用 50 mL 摩尔浓度为 0.01 mol/L 的硫酸溶液为吸收液。

（2）标准曲线的绘制：吸取 0、0.50、1.00、3.00、5.00、7.00 和 10.0 mL 氨氮标准使用液于 50 mL 比色管中，加水至标线，加 1.0 mL 酒石酸钾钠溶液，混匀。加 1.5 mL 纳氏试剂，混匀。放置 10 min 后，在波长 420 nm 处，用光程 20 mm 比色皿，以水为参比，测定吸光度。

由测得的吸光度，减去零浓度空白管的吸光度后，得到校正吸光度，绘制以氨氮含量（mg）对校正吸光度的标准曲线。

（3）水样的测定。

① 分别取适量经絮凝沉淀预处理后的水样（使氨氮含量不超过 0.1 mg），加入 50 mL 比色管中，稀释至标线，加 0.1 mL 酒石酸钾钠溶液。

② 分取适量经蒸馏预处理后的馏出液，加入 50 mL 比色管中，加一定量 1 mol/L 氢氧化钠溶液以中和硼酸，稀释至标线。加 1.5 mL 纳氏试剂，混匀。放置 10 min 后，同标准曲线步骤测量吸光度。

③ 如果为清洁水样，可直接取 50 mL 置于 50 mL 比色管中，按与标准曲线相同的步骤测量吸光度。

（4）空白试验：以无氨水代替水样，做全程序空白测定。

五、实验数据处理

1. 数据记录

表 2-8　实验数据记录表

编号	1	2	3	4	5	6	7	8	水样	空白
标准液体积/mL	0	0.5	1	2	4	6	8	10		
氨氮含量/μg										
测定吸光度										
校正吸光度										

2. 标准曲线的绘制

以氨氮含量（μg）为横坐标，校正吸光度为纵坐标绘制标准线，并写出回归方程。

3. 由水样测得的吸光度减去空白实验的吸光度后，从标准曲线上查得氨氮含量（mg），按下式计算：

$$氨氮（N, mg/L）=\frac{m}{V}\times 1\,000$$

式中　m——由标准曲线查得的氨氮含量，mg；

V——水样体积，mL。

六、注意事项

（1）干扰及消除。

脂肪胺、芳香胺、醛类、丙酮、醇类和有机氯胺类等有机化合物，以及铁、锰、镁和硫等无机离子，因产生异色或浑浊而引起干扰，水中颜色和浑油亦影响比色。为此，须经絮凝沉淀过滤或蒸馏预处理，易挥发的还原性干扰物质，还可在酸性条件下加热以除去，对金属离子的干扰，可加入适量的掩蔽剂加以消除。

（2）纳氏试剂显色后的溶液颜色会随时间而变化，所以必须在较短时间内完成比色操作。

（3）检出限：最低检出浓度为 0.05 mg/L。该法简便灵敏，故为地面水监测中常用方法。

（4）做工作曲线时可用 excel 或 origin 软件。

蒸馏-中和滴定法

一、实验目的

（1）掌握蒸馏-中和滴定法测定氨氮的原理和技术。

（2）了解水中氨氮含量测定的意义。

二、实验原理

蒸馏-中和滴定法仅适用于已进行蒸馏预处理的水样。调节水样至 pH 在 6.0 ~ 7.4 范围，加入氧化镁使呈微碱性。加热蒸馏，释出的氨被吸收入硼酸溶液中，以甲基红-亚甲蓝为指示剂，用盐酸标准溶液滴定馏出液中的氨氮（以 N 计）。

本标准适用于工业废水和生活污水中氨氮的测定，当试样体积为 250 mL 时，检出限为 0.05 mg/L。

三、实验试剂和仪器

1. 仪器

（1）球形定氮仪蒸馏装置：500 mL 凯氏烧瓶、氮球、直形冷凝管和导管。冷凝管末端可连接一段适当长度的滴管，使出口尖端浸入吸收液液面下。也可使用蒸馏烧瓶。

（2）酸式滴定管：50 mL。

2. 试剂

（1）1 mol/L 硫酸溶液：量取 2.8 mL 浓硫酸，缓慢加入 100 mL 水中。

（2）1 mol/L 氢氧化钠溶液：称取 20 g 氢氧化钠溶于约 200 mL 水中，冷却至室温，稀释至 500 mL。

（3）轻质氧化镁（MgO）：将氧化镁在 500 °C 下加热，以除去碳酸盐。

（4）溴百里酚蓝指示剂：称取 0.10 g 溴百里酚蓝溶于 50 mL 水中，加入 20 mL 无水乙醇

（$\rho = 0.79$ g/mL），用水稀释至 100 mL。

（5）甲基红指示液：称取 50 mg 甲基红溶于 100 mL 无水乙醇中。

（6）混合指示剂：称取 200 mg 甲基红溶于 100 mL 无水乙醇，另称取 100 mg 亚甲蓝溶于 50 mL 无水乙醇，以两份甲基红溶液与一份亚甲蓝溶液混合后备用。混合液一个月配制一次。

（7）碳酸钠标准溶液[$c_{(1/2Na_2CO_3)} = 0.020\ 0$ mol/L]：称取经 180 °C 干燥 2 h 的无水碳酸钠 0.530 0 g，溶于新煮沸防冷的水中，移入 500 mL 容量瓶中，稀释至标线。

（9）硫酸标准溶液（0.02 mol/L）：量取 1.7 mL 浓盐酸于 1 000 mL 容量瓶中，稀释至标线，混匀。

标定方法：移取 25.00 mL 碳酸钠标准溶液于 150 mL 锥形瓶中，加 25 mL 水，加 1 滴甲基红指示液，用盐酸标准溶液滴定至淡红色为止。记录消耗的体积，用下式计算盐酸溶液的浓度。

$$c(\mathrm{HCl}) = \frac{c_1 \times V_1}{V_2}$$

式中　c——盐酸标准滴定溶液的浓度，mol/L；

c_1——碳酸钠标准溶液的浓度，mol/L；

V_1——碳酸钠标准溶液的体积，mL；

V_2——消耗的盐酸标准滴定溶液的体积，mL。

四、实验步骤

（1）水样预处理：同纳氏比色法。

（2）水样的测定：向硼酸溶液吸收的、经预处理后的水样中，加 2 滴混合指示剂，用盐酸标准滴定溶液滴定，至馏出液由绿色转变成淡紫色止，记录消耗的盐酸标准滴定溶液的体积。

（3）空白试验：以无氨水代替水样，同水样全程序步骤进行测定。

五、数据处理

水样中氨氮的浓度用下式计算：

$$\rho(\mathrm{N,mg/L}) = \frac{(V_S - V_B) \times c \times 14.01 \times 1\ 000}{V}$$

式中　ρ——水样中氨氮的浓度（以 N 计），mg/L；

V_S——滴定水样时消耗硫酸溶液体积，mL；

V_B——空白试验消耗硫酸溶液体积，mL；

c——盐酸标准滴定溶液的浓度，mol/L；

V——试样体积，mL；

14.01——氨氮（N）摩尔质量，g/mol。

六、注意事项

（1）当水样中含有在此条件下，可被蒸馏出并在滴定时能与酸反应的物质，如挥发性胺类等，则将使测定结果偏高。

（2）蒸馏时应避免发生暴沸，否则可造成馏出液温度升高，氨吸收不完全。

（3）防止蒸馏时产生泡沫，必要时可加少许石蜡碎片于凯氏烧瓶中。水样如含余氯，应加入适量 0.35%硫代硫酸钠溶液，每 0.5 mL 可除去 0.25 mg 余氯。

（4）检验实验：取分析纯氯化铵 0.038 2 g 稀释定容至 100mL，此溶液氨氮浓度为 100 mg/L。若检测此溶液氨氮浓度为（100 ± 4）mg/L，则可认为实验步骤是适宜的。

（5）标定盐酸标准滴定溶液时，至少平行滴定 3 次，平行滴定最大允许偏差不大于 0.05 mL。

氨气敏电极法

一、实验目的

（1）掌握氨气敏电极法测定氨氮的原理和技术。

（2）了解水中氨氮含量测定的意义。

二、实验原理

氨气敏电极为复合电极，以 pH 玻璃电极为指示电极，银-氯化银电极为参比电极。将此电极对置于盛有 0.1 mol/L 氯化铵内充液的塑料套管中，管端部紧贴指示电极敏感膜处，该处装有疏水半渗透薄膜，使内电解液与外部试液隔开，半透膜与 pH 玻璃电极间有一层很薄的液膜。当水样中加入强碱溶液将 pH 提高到 11 以上，使铵盐转化为氨，生成的氨由于扩散作用而通过半透膜（水和其他离子则不能通过），使氯化铵电解质液膜层内如下反应，$NH_4^+ \rightleftharpoons NH_3 + H^+$ 的反应向左移动，引起氢离子浓度改变，由 pH 玻璃电极测得其变化。在恒定的离子强度下，测得的电动势与水样中氨氮浓度的对数呈一定的线性关系。由此，可从测得的电位值确定样品中氨氮的含量。

可能影响测量的因素：挥发性胺产生正干扰；汞和银因同氨络合力强而有干扰；高浓度溶解离子影响测定。

该方法可用于测定饮用水、地面水、生活污水及工业废水中氨氮的含量。色度和浊度对测定没有影响，水样不必进行预蒸馏。标准溶液和水样的温度应相同，含有溶解物质的总浓度也要大致相同。

该方法的最低检出浓度为 0.03 mg/L 氨氮；测定上限为 1 400 mg/L 氨氮。

三、实验试剂和仪器

1. 仪器

（1）离子活度计或带扩展毫伏的 pH 计。

（2）氨气敏电极。

（3）电磁搅拌器。

2. 试剂

所有试剂均用无氨水配制。

（1）氨氮标准贮备液（1 000 mg/L）：称取 3.819 g 经 100 °C 干燥的氯化铵（NH_4Cl）溶于水中，移入 1 000 mL 容量瓶中，稀释至标线，此溶液氨氮浓度为 1 000 mg/L。

（2）氨氮标准使用液：用铵标准储备液稀释配制浓度为 0.1、1.0、10、100、1 000 mg/L 的铵标准使用液。

（3）电极内充液（见电极说明书）：0.1 mol 氯化铵溶液。

（4）5 mol/L 氢氧化钠（内含 EDTA 二钠盐 0.5 mol/L）混合溶液。

四、实验步骤

（1）仪器和电极的准备：按使用说明书进行，调试仪器。

（2）标准曲线的绘制：吸取 10.00 mL 浓度为 0.1、1.0、10、100、1 000 mg/L 的铵标准溶液于 25 mL 小烧杯中，浸入电极后加入 1.0 mL 氢氧化钠溶液，在搅拌下，读取稳定的电位值（1 min 内变化不超过 1 mV 时，即可读数）。在半对数坐标线上绘制 E-lgc 的标准曲线。

（3）水样的测定：取 10.00 mL 水样，以下步骤与标准曲线绘制相同。由测得的电位值，在标准曲线上直接查得水样中的氨氮含量（mg/L）。

六、注意事项

（1）绘制标准曲线时，可以根据水样中氨氮含量，自行取舍三或四个标准点。

（2）实验步骤中，应避免由于搅拌器发热而引起被测溶液温度上升，影响电位值的测定。

（3）当水样酸性较大时，应先用碱液调至中性后，再加离子强度调节液进行测定。

（4）水样不要加氯化汞保存。

（5）搅拌速度应适当，不可使其形成涡流，避免在电极处产生气泡。

（6）水样中盐类含量过高时，将影响测定结果。必要时，应在标准溶液中加入相同量的盐类以消除误差。

七、思考题

1. 测定水样氨氮时，为什么要先蒸馏 200 mL 无氨水？

2. 在蒸馏比色测定氨氮时，为什么要调节水样的 pH 在中性？

3. 对比分析纳氏试剂分光光度法、氨气敏电极法和蒸馏-中和滴定法的使用范围和优缺点。

实验七　水中亚硝酸盐氮的测定

亚硝酸盐氮是水体中含氮有机物进一步氧化，进而硝化的中间产物。水中存在亚硝酸盐氮时，表明有机物的分解过程还在继续进行，无机化过程尚未完成；亚硝酸盐氮的含量如果太高，即说明水中有机物的无机化过程进行的相当强烈，表示水体存在有机物污染的危害。通过测定水中亚硝酸盐氮的含量，以了解水体污染和自净情况。

水中亚硝酸盐氮的检测方法主要是重氮偶合分光光度法。

一、实验目的

（1）了解水中亚硝酸盐氮测定的意义。

（2）掌握水中亚硝酸盐氮测定方法与原理。

二、实验原理

在 pH 为 2.0 ~ 2.5 时，水中亚硝酸盐与对氨基苯磺酸生成重氮盐，再与盐酸萘乙二胺发生偶联后生成红色染料，其最大吸收波长为 543nm，其色度深浅与亚硝酸盐含量成正比，可用比色法测定，检出限为 0.005 μg/mL，测定上限为 0.1 μg/mL。

三、实验试剂和仪器

1. 试剂

（1）制备不含亚硝酸盐的水：在蒸馏水中加入少许高锰酸钾晶体，再加氢氧化钙或氢氧化钡，使之呈碱性。重蒸馏后，弃去 50 mL 初滤液，收集中间 70%的无亚硝酸馏分。

（2）亚硝酸盐标准储备液：称取 1.232 g 亚硝酸钠溶于水中，加入 1 mL 氯仿，稀释至 1 000 mL。由于亚硝酸盐氮在潮湿环境中易被氧化，所以储备液在测定时需标定。其标定方法如下。

在 250 mL 具塞锥形瓶内依次加入 50 mL 摩尔浓度为 0.050 mol/L 的高锰酸钾溶液，5 mL 浓硫酸及 50 mL 亚硝酸钠储备液（加亚硝酸钠储备液时应将吸管插入高锰酸钾溶液液面以下），混匀，在水浴上加热至 70 ~ 80 °C 后，按每次 10.00 mL 的量加入过量的 0.050 mol/L 草酸钠标准溶液，使溶液紫红色褪去，记录草酸钠标准溶液用量(V_2)。再以 0.050 mol/L 高锰酸钾溶液滴定过量的草酸钠，至溶液呈微红色，记录高锰酸钾溶液的用量(V_1)。再以 50 mL 不含亚硝酸盐的水代替亚硝酸钠储备液，并按上步骤操作，用草酸钠标准溶液标定高锰酸钾溶液，按下式计算高锰酸钾溶液浓度（mol/L）：

$$c_{1/5\mathrm{KMnO_4}}=\frac{0.050\times V_4}{V_3}$$

按下式计算亚硝酸盐标准储备液的浓度（mg/L）：

$$c_{\text{亚硝酸盐氮}}=\frac{V_1\times c_{1/5\mathrm{KMnO_4}}-0.050\times V_2}{50.00}\times 7\times 1\,000$$

式中 $c_{亚硝酸盐氮}$ ——亚硝酸钠储备溶液浓度（以 N 计），mg/L；

V_1——滴定亚硝酸盐氮标准储备液时，所用高锰酸钾溶液总量，mL；

$c_{1/5KMnO_4}$——经标定的高锰酸钾标准溶液的浓度，mol/L；

V_2——滴定亚硝酸盐氮标准储备液时，所加草酸钠标准溶液总量，mL；

0.050——草酸钠标准溶液的浓度（$1/2Na_2C_2O_4$，0.050 mol/L）；

50.00——亚硝酸钠标准储备液用量，mL；

7——亚硝酸盐氮（1/2N）的摩尔质量，g/mol；

V_4——滴定水时，加入草酸钠标准溶液的总量，mL；

V_3——滴定水时，所加高锰酸钾标准溶液的总量，mL 。

（3）亚硝酸盐使用液：临用时将标准储备液稀释为 1.0 μg/mL 的亚硝酸盐氮的标准使用液。

（4）草酸钠标准溶液（$1/2Na_2C_2O_4$，0.050 mol/L）：称取 3.350 g 经 105 °C 干燥 2 h 的优级纯无水草酸钠溶于水中，转入 1 000 mL 容量瓶内加水稀释至刻度。

（5）高锰酸钾溶液（$1/5KMnO_4$，0.050 mol/L）：溶解 1.6 g 高锰酸钾于 1.2 L 水中，煮沸 0.5 ~ 1 h，使体积减少至 1 000 mL 左右，放置过夜，用 G3 号熔结玻璃漏斗过滤后，滤液储存于棕色试剂瓶中，用上述草酸钠标准溶液标定其准确浓度。

（6）氢氧化铝悬浮液。溶解 125 g 硫酸铝钾[$AlK(SO_4)_2 \cdot 12H_2O$，CP 级]于 1 L 水中，加热到 60 °C。在不断搅拌下慢慢加入 55 mL 氨水，放置约 1 h 后，用水反复洗涤沉淀到洗出液中不含氨、氯化物、硝酸盐和亚硝酸盐为止。待澄清后，倾出上层清液，只留浓的絮凝物，最后加入 100 mL 水。使用前应振荡均匀。

（7）盐酸萘乙二胺显色剂：将 50 mL 冰醋酸与 900 mL 的水混合，加入 5.0 g 对氨基苯磺酸，加热使其全部溶解，再加入 0.05 g 盐酸萘乙二胺，搅拌溶解后用水稀释至 1 000 mL。溶液无色，储存于棕色瓶中，在冰箱中保存可稳定一个月。

2. 仪器

（1）分光光度计。

（2）分析天平。

（3）容量瓶、滴定管等常规玻璃仪器。

四、实验步骤

1. 水样预处理

水样如有颜色和悬浮物，可以每 100 mL 水样中加入 2 mL 氢氧化铝悬浮液搅拌，静置过滤，弃去 25 mL 初滤液。

2. 标准曲线的绘制及样品测定

取 50 mL 比色管 7 支，分别加入亚硝酸盐氮 1 μg/mL 的标准溶液 0.00、0.50、1.00、2.00、3.00、4.00、5.00 mL，用无氨水稀释到刻度。

向上述各比色管中分别加入 2 mL 盐酸萘乙二胺显色剂，混匀，20 min 后。于λ=543 nm 处，用 20 mm 比色皿测定吸光度，由测得的吸光度，减去零浓度空白管的吸光度后，得到校正吸光度，绘制以氨氮含量（mg）对校正吸光度的标准曲线。

3. 水样的测定

取 50 mL 澄清水样置于 50 mL 比色管中，如亚硝酸盐含量高，可适量少取水样，用无亚硝酸盐的水稀释至 50 mL，加入 2 mL 盐酸萘乙二胺显色剂，混匀，20 min 后。于λ=543 nm 处，测定吸光度。

五、实验数据处理

1. 数据记录

表 2-9 实验数据记录表

编号	1	2	3	4	5	6	7	水样	空白
标准液体积/mL	0	0.5	1	2	3	4	5		
亚硝酸盐氮含量/μg									
测定吸光度									
校正吸光度									

2. 标准曲线的绘制

以亚硝酸盐氮含量（μg）为横坐标，校正吸光度为纵坐标绘制标准线，并写出回归方程。

3. 由水样测得的吸光度减去空白实验的吸光度后，从标准曲线上查得亚硝酸盐氮的含量（mg），按下式计算：

$$\rho(\mathrm{N,mg/L})=\frac{m}{V}\times 1\,000$$

式中 m——由标准曲线查得的亚硝酸盐氮含量，mg；

V——水样体积，mL。

六、注意事项

（1）加入盐酸萘乙二胺试剂后，须避光，并在 2 h 内测定完毕。

（2）如果测定的样品吸光度数值超过了标准曲线的最高吸光度值，则应根据情况配制更高浓度的标准曲线溶液。

（3）亚硝酸盐是含氮化合物分解过程中的中间产物，很不稳定，采样后的水样应尽快分析。

七、思考题

1. 在测试某一水样的亚硝酸盐含量时，若遇水样色度大、悬浮物过高以及 pH 值大的情况，应如何处理？

2. 在亚硝酸盐氮分析过程中，水中的强氧化性物质会干扰测定，如何确定并消除？

实验八　水中硝酸盐氮的测定

目前，人为因素造成的地表水体硝酸盐浓度的升高已经造成了地表水体富营养化和水质恶化等的生态环境问题。水体受含氮有机物污染后，在水的自净过程中逐渐分解成为简单的有机氮化合物，进一步成为无机氮化合物，硝酸盐是天然水、自净的最终产物。饮用水中若含有过量的硝酸盐将引起血液中变性血红蛋白增加而中毒。

硝酸盐氮常用的测定方法有二磺酸酚比色法、麝香草酚比色法和紫外分光光度法。本实验主要介绍二磺酸酚比色法。

一、实验目的

（1）了解水中硝酸盐氮测定的意义。

（2）掌握水中硝酸盐氮测定方法与原理。

二、实验原理

浓硫酸与苯酚作用生成二磺酸酚，在无水条件下二磺酸酚与硝酸盐作用生成二磺酸硝基酚，二磺酸硝基酚在碱性溶液中发生分子重排生成黄色化合物，最大吸收波长在 410 nm 处，利用其色度和硝酸盐含量成正比，可进行比色测定。检出限为 0.02 μg/mL，检测上限为 2.0 μg/mL。

二、实验试剂和仪器

1. 试剂

（1）二磺酸酚试剂：称取 15 g 精制苯酚，置于 250 mL 三角烧瓶中，加入 100 mL 浓硫酸，瓶上放一个漏斗，置于沸水浴内加热 6 h，试剂应为浅棕色稠液，保存于棕色瓶内。

（2）硝酸盐标准储备液：称取 0.721 8 g 分析纯硝酸钾（经 105 ~ 110 °C 烘 4 h）溶于水中，稀释至 1 000 mL，其浓度为 100 mg/L。

（3）硝酸盐标准溶液：准确移取 50 mL 硝酸盐标准储备液，置于蒸发皿中，在水浴上蒸干，然后加入 2.0 mL 二磺酸酚，用玻棒研磨，使试剂与蒸发皿内残渣充分接触，静置 10 min，加入少量蒸馏水，移入 250 mL 容量瓶中，用蒸馏水稀释至标线，即为 20 μg/mL 的 NO_3^--N 标准溶液。

（4）浓氨水。

（5）硫酸银溶液：称取 4.4 g 硫酸银溶于水中，稀释至 1 000 mL，于棕色瓶中避光保存。此溶液 1.0 mL 相当于含氯（Cl^-）1.0 mg。

（6）高锰酸钾溶液（1/5$KMnO_4$，0.100 mol/L）：溶解 3.3 g 高锰酸钾于水中，稀释至 1 000 mL。

（7）乙二胺四乙酸二钠溶液（EDTA）：称取 50 g 乙二胺四乙酸二钠，用 20 mL 蒸馏水调成糊状，然后加入 60 mL 浓氨水，充分混合，使之溶解。

（8）碳酸钠溶液（1/2Na_2CO_3，0.100 mol/L）：称取 5.3 g 无水碳酸钠，溶于 1 000 mL 水中。

2. 仪器

（1）分光光度计。

（2）50 mL 比色管。

（3）吸量管等。

三、实验步骤

1. 水样预处理

（1）脱色：污染严重或色泽较深的水样（即色度超过 10 度），可在 100 mL 水样中加入 2 mL 氢氧化铝悬浮液，摇匀后，静置数分钟，澄清后过滤，弃去最初滤出的部分溶液（5 ~ 10 mL）。

（2）除去氯离子：取 50 mL 水样，滴加一定量的硫酸银溶液直到不产生白色沉淀为止，再通过离心或过滤除去氯化银沉淀，滤液转移至 100 mL 的容量瓶中定容至刻度。

（3）去除亚硝酸盐氮影响：如水样中亚硝酸盐氮含量超过 0.2 mg/L，可事先将其氧化为硝酸盐氮。具体方法：在已除氯离子的 100 mL 容量瓶中加入 1 mL 摩尔浓度为 0.5 mol/L 的硫酸溶液，混合均匀后滴加 0.100 mol/L 高锰酸钾溶液，至淡红色出现并保持 15 min 不褪色，以使亚硝酸盐完全转变为硝酸盐，最后从测定结果中减去亚硝酸盐含量。

2. 标准曲线的绘制

分别吸取硝酸盐氮标准溶液 0.00、1.00、1.50、2.00、2.50、3.00、4.00 mL 于 50 mL 比色管中，加入 1.0 mL 二磺酸酚，3.0 mL 浓氨水，用蒸馏水稀释至刻度，摇匀。用 1 mL 比色皿，以蒸馏水作为参比，于波长 410 nm 处测定吸光度，绘制标准曲线。

3. 水样测定

吸取经预处理的水样 50 mL（如硝酸盐氮含量较高可酌情减少）至蒸发皿内，如有必要可用 0.100 mol/L 碳酸钠溶液调节水样 pH 至中性（pH7 ~ 8），置于水浴中蒸干。取下蒸发皿，加入 1.0 mL 二磺酸酚，用玻棒研磨，使试剂与蒸发皿内残渣充分接触，静止 10 min，加入少量蒸馏水，搅匀，滤入 50 mL 比色管中，加入 3 mL 浓氨水（使溶液明显呈碱性）。如有沉淀可滴加 EDTA 溶液，使水样变清，用蒸馏水稀释至刻度，摇匀，测定吸光度。

五、实验数据处理

1. 数据记录

表 2-10 实验数据记录表

编号	1	2	3	4	5	6	7	水样	空白
标准液体积/mL	0	1	1.5	2	2.5	3	4		
硝酸盐氮含量/μg									
测定吸光度									
校正吸光度									

2. 标准曲线的绘制

以硝酸盐氮含量（μg）为横坐标，校正吸光度为纵坐标绘制标准线，并写出回归方程。

3. 由矫正吸光度，从标准曲线上查得硝酸盐氮的含量（mg），按下式计算：

$$\rho(\mathrm{N,mg/L})=\frac{m}{V}\times 1\,000$$

式中 m——由标准曲线查得的亚硝酸盐氮含量，mg；

V——水样体积，mL。

六、注意事项

可溶性有机物、亚硝酸盐、六价铬和表面活性剂均干扰硝酸盐氮的测定。可溶性有机物用校正法消除；亚硝酸盐干扰可用氨基磺酸法消除；六价铬和表面性剂可制备各自的校正曲线进行校正。

七、思考题

1. 酚二磺酸法测定 NO_3^--N，其标准使用液的配制与一般标准使用液的配制有何不同？

2. 如何通过测定三氮的含量来评价水体的“自净”程度？

实验九　水中总磷的测定

在天然水和废水中，磷以各种磷酸盐（正磷酸盐，络合磷酸盐和有机结合磷酸盐）的形式存在于溶液、腐殖质粒子或水生生物中。

一般天然水中磷酸盐含量不高，但水体受到污染（化肥、冶炼、合成洗涤剂等行业的工业废水及生活污水）后磷含量过高（如超过 0.2 mg/L），会使水体中浮游生物和藻类大量繁殖而消耗水中溶解氧，从而加速水体的富营养化。

总磷是指水体中各种形态的磷的总量，是反映水体受污染程度和湖库水体富营养化程度的重要指标之一。因此，准确测定水体中总磷含量非常重要。

总磷的测定方法分 2 步完成：

第一步是用氧化剂将水样中不同形态的磷转化成正磷酸盐；总磷的氧化消解方法有电炉或电热板加热消解、压力锅加热消解、密闭微波增压消解和紫外照射，所用的氧化剂有过硫酸钾、硝酸-硫酸、硝酸-高氯酸、过氧化氢等。

第二步是测定正磷酸盐。钼酸铵分光光度法、氯化亚锡还原钼蓝法，微波消解法等。目前我国环保部门监测总磷的方法是钼酸铵分光光度法。

一、实验目的

（1）了解水中总磷测定的目的和意义。

（2）掌握过硫酸钾消解水样的方法。

（3）掌握用钼酸铵分光光度法测定总磷的原理和方法。

二、实验原理

在中性条件下用过硫酸钾（或硝酸-高氯酸）使试样消解，将所含磷全部氧化为正磷酸盐。在酸性介质中，正磷酸盐与钼酸铵反应，在锑盐存在下生成磷钼杂多酸后，立即被抗坏血酸还原，生成蓝色的络合物。在 700 nm 波长处测定吸光度。

三、实验仪器和试剂

1. 试剂

（1）硫酸(H_2SO_4)，密度为：1.84 g/mL。

（2）硫酸(H_2SO_4)，1+1。

（3）50 g/L 过硫酸钾溶液：将 5 g 过硫酸钾($K_2S_2O_8$)溶解于水，并稀释至 100 mL。

（4）抗坏血酸，100 g/L 溶液：溶解 10 g 抗坏血酸($C_6H_8O_6$)于水中，并稀释至 100 mL。此溶液储于棕色的试剂瓶中，在阴凉干燥处可稳定几周。如不变色可长时间使用。

（5）钼酸盐溶液：溶解 13 g 钼酸铵[$(NH_4)_6Mo_7O_{24}\cdot 4H_2O$]于 100 mL 水中。溶解 0.35 g 酒石酸锑钾[$KSbC_4H_4O_7\cdot 1/2\ H_2O$]于 100 mL 水中。在不断搅拌下把钼酸铵溶液徐徐加到 300 mL 硫酸(1+1)中，加酒石酸锑钾溶液并且混合均匀。此溶液储存于棕色试剂瓶中，在阴凉干燥处可保存二个月。

（6）浊度-色度补偿液：混合两个体积硫酸和一个体积抗坏血酸溶液。此溶液使用当天配制。

（7）磷标准储备溶液：称取0.2197±0.001 g于110 °C干燥2 h在干燥器中放冷的磷酸二氢钾(KH_2PO_4)，用水溶解后转移至1 000 mL容量瓶中，加入大约800 mL水、加5 mL硫酸用水稀释至标线并混匀。1.00 mL此标准溶液含50.0 μg磷。此溶液在玻璃瓶中可储存至少六个月。

（8）磷标准使用溶液：将10.0 mL的磷标准溶液(见上7)转移至250 mL容量瓶中，用水稀释至标线并混匀。1.00 mL此标准溶液含2.0 μg磷。此溶液使用当天配制。

2. 仪器

（1）高压蒸汽消毒器或一般压力锅（1.1 ~ 1.4 kg/cm^2）。

（2）50mL具塞（磨口）刻度管。

（3）分光光度计。

四、实验步骤

1. 总磷的测定

（1）消解。

过硫酸钾消解：向试样中加入4 mL过硫酸钾，将具塞刻度管的盖塞紧后，用一小块纱布和线将玻璃塞扎紧，放在大烧杯中置于高压蒸汽消毒器中加热，带压力达到1.1 kg/cm^2，相应温度为120 °C，保持半小时后停止加热，待压力表读数降至零后，取出后冷置，然后用水稀释至标线。

（2）发色。

分别向各份消解液中加入1 mL抗坏血酸溶液混匀，30 s后加2 mL钼酸盐溶液充分混匀。

（3）分光光度测量。

室温下放置15 min后，使用光程为10 mm比色皿，在700 nm波长下，以水做参比，测定吸光度。扣除空白试验的吸光度后，从工作曲线上查得磷的含量。

（4）工作曲线的绘制。

取7支具塞刻度管分别加入0.0，0.50，1.00，3.00，5.00，10.0，15.0 mL磷酸盐标准溶液(磷标准使用溶液)。加水至50 mL。然后按测定步骤(发色)进行处理。以水做参比，测定吸光度。扣除空白试验的吸光度后，和对应的磷的含量绘制工作曲线。

2. 空白试样

用水代替试样，并加入与测定时相同体积的试剂。

五、实验数据处理

1. 数据记录

表2-11　实验数据记录表

编号	1	2	3	4	5	6	7	水样	空白
标准液体积/mL	0	0.5	1.0	3.0	5.0	10.0	15.0		
总磷含量/μg									
测定吸光度									
校正吸光度									

注：标准溶液的校正吸光度为扣除零浓度空白吸光度；水样吸光度的校正吸光度为扣除空白实验吸光度。

2. 标准曲线的绘制

以总磷含量（μg）为横坐标，校正吸光度为纵坐标绘制标准线，并写出回归方程。

3. 由水样测得的吸光度减去空白实验的吸光度后，从标准曲线上查得总磷的含量（mg），按下式计算：

$$c(\text{mg/L})=\frac{m}{V}\times 1\,000$$

式中 m——试样测得含磷量，μg；

V——测定用试样体积，mL。

六、注意事项

（1）干扰及消除

① 砷含量大于 2 mg/L 有干扰，可用硫代硫酸钠去除。

② 硫化物含量大于 2 mg/L 有干扰，在酸性条件下通氮气可去除。

③ 六价铬大于 50 mg/L 有干扰，用亚硫酸钠去除。

④ 亚硝酸盐大于 1 mg/L 有干扰，用氧化消解或加氨磺酸均可以去除。

⑤ 铁浓度为 20 mg/L，使结果偏低 5%。

⑥ 铜浓度达 10 mg/L 不干扰。

⑦ 氟化物小于 70 mg/L 是允许的。

（2）消解时，如用硫酸保存水样。当用过硫酸钾消解时，需先将试样调至中性。

（3）显色时，如显色时室温低于 13 °C，可在 20 ~ 30 °C 水浴上将溶液显色 15 min 即可。

（4）含磷量较少的水样，不要用塑料瓶采样，因为磷酸盐易吸附在塑料瓶壁上。

（5）配制钼酸盐溶液时，1+1 的硫酸必须充分冷却后添加。

（6）操作所用的玻璃器皿，可用 1+5 的盐酸浸泡 2 h，或用不含磷酸盐的洗涤剂刷洗。

（7）比色皿用后应以稀硝酸或铬酸洗液浸泡片刻，以除去吸附的磷钼蓝显色物。

七、思考题

1. 水体中总磷的测定存在哪些影响因素？

2. 测定磷的过程中，如果加入试剂顺序颠倒了，会出现什么结果？

实验十　水中溶解氧的测定

溶解氧表示的是溶解于水中分子态氧的数量，单位是 mg/L。水温升高或水中含有消耗氧的有机物，都会导致水中溶解氧含量降低。因此水中溶解氧的含量是评价水体质量、水体生态系统和水体自净能力的关键指标之一，是环境监测部门、自来水厂、污水处理厂、化工业、水产养殖业必不可少的检测项目。

溶解氧常用的测定方法有两种：一是碘量法及其修正法；二是电化学探头法。

碘量法适用于溶解氧大于 0.2 mg/L 的水样，一般碘量法只适用于测定清洁水的溶解氧，测定废水或污水处理厂各个工艺环节的溶解氧时必须使用修正的碘量法或电化学法。当水样有颜色或含有能与碘反应的有机物时，不宜使用碘量法及其修正法测定其中的溶解氧，这时可使用氧敏感薄膜电极或无膜电极测定。本实验重点介绍碘量法。

一、实验目的

（1）了解测定溶解氧（DO）的意义和方法。

（2）掌握碘量法测定溶解氧的操作技术。

二、实验原理

水样中加入硫酸锰和碱性碘化钾，水中溶解氧将低价锰氧化成高价锰，生产四价锰的氢氧化物沉淀，加酸后，氢氧化物沉淀溶解并与碘离子反应而释放出游离碘。以淀粉作指示剂，用硫代硫酸钠滴定释出碘，可以计算溶解氧的含量。其反应如下：

$$MnSO_4 + 2NaOH = Na_2SO_4 + Mn(OH)_2\downarrow$$

$$2Mn(OH)_2 + O_2 = 2MnO(OH)_2\downarrow \text{(棕色沉淀)}$$

$$MnO(OH)_2 + 2H_2SO_4 = Mn(SO_4)_2 + 3H_2O$$

$$Mn(SO_4)_2 + 2KI = MnSO_4 + I_2 + K_2SO_4$$

$$2Na_2S_2O_3 + I_2 = Na_2S_4O_6 + 2NaI$$

$$O_2 \rightarrow 2MnO(OH)_2 \rightarrow 2I_2 \rightarrow 4Na_2S_2O_3$$

由反应得到溶解氧与硫代硫酸钠标准溶液的计量关系为：1 molO_2 ~ 4 mol $Na_2S_3O_2$

$$\text{溶解氧}(O_2, \text{mg/L}) = \frac{c \times V \times 8 \times 1\,000}{100}$$

式中　c——硫代硫酸钠标准溶液的浓度，mol/L；

V——滴定消耗硫酸钠标准溶液的体积，mL

三、实验仪器和试剂

1. 试剂

（1）硫酸锰溶液：称取 480 g 硫酸锰（$MnSO_4 \cdot H_2O$）溶于水，用水稀释至 1 000 mL。

此溶液加至酸化过的碘化钾溶液中，遇淀粉不得产生蓝色。

（2）碱性碘化钾溶液：称取 500 g 氢氧化钠溶于 300 ~ 400 mL 水中，冷却；另称取 150 g 碘化钾溶于 200 mL 水中；将两种溶液混合均匀，并稀释至 1 000 mL。如有沉淀，则放置过夜后，倾出上清液，贮于棕色瓶内，用橡皮塞塞紧，避光保存。此溶液酸化后，遇淀粉应不呈蓝色。

（3）1+5 硫酸溶液（3 mol/L）。

（4）0.5%（m/V）淀粉溶液：称取 0.5 g 可溶性淀粉，用少量水调成糊状，再用刚煮沸的水稀释至 100 mL。冷却后，加入 0.1 g 水杨酸或 0.4 g 氯化锌防腐。

（5）0.025 00 mol/L（1/6 $K_2Cr_2O_7$）重铬酸钾标准溶液：称取于 105 ~ 110 °C 烘干 2 h，并冷却的重铬酸钾（优级纯）1.2258 g 溶于水，移入 1 000 mL 容量瓶中，用水稀释至标线，摇匀。

硫代硫酸钠溶液：称取 6.2 g 硫代硫酸钠($Na_2S_2O_3 \cdot 5H_2O$)溶于煮沸放冷的水中，加 0.2 g 碳酸钠，用水稀释至 1 000 mL，储于棕色瓶中。使用前 0.025 00 mol/L 重铬酸钾标准溶液标定。

标定方法：在 250 mL 碘量瓶中加入 25 mL 蒸馏水、0.5 g 碘化钾、10.00 mL 0.025 0 mol/L 重铬酸钾溶液和 5 mL（1+5）硫酸，摇匀，加塞后置于暗处 5 min，溶液用待标定的硫代硫酸钠溶液滴定至浅黄色，然后加入 0.5%淀粉溶液 1.0 mL，继续滴定至蓝色刚好变为淡绿色为止，记录用量，并用下式计算其浓度。平行做 3 份，取平均值。

$$c_1=\frac{c_2\times 10}{V_1}$$

式中 c_1——标定后硫代硫酸钠溶液的浓度，mol/L；

c_2——重铬酸钾标准溶液的浓度，mol/L；

V_1——消耗的硫代硫酸钠溶液的体积，mL。

（7）浓硫酸，ρ=1.84。

（8）40%(m/V)氟化钾溶液：称取 40 g 氟化钾($KF \cdot 2H_2O$)溶于水中，用水稀释至 100 mL，储于聚乙烯瓶中备用。

2. 仪器

（1）250 ~ 300 mL 溶解氧瓶或碘量瓶。

（2）酸式滴定管。

（3）锥形瓶。

（4）移液管。

四、实验步骤

1. 采取水样

将洗净的 250 mL 碘量瓶用待测水样荡洗 3 次。用虹吸法将细玻璃管插入瓶底，注入水样溢流出瓶容积的 1/3 ~ 1/2，迅速盖上瓶塞。取样时绝对不能使采集的水样与空气接触，且瓶中不能留有空气泡。否则另行取样。

2. 溶解氧的固定

取下瓶塞，立即用移液管加入 1 mL 硫酸锰溶液。加注时，应将移液管插入液面下约 10 mm，切勿将移液管中的空气注入瓶中。以同样的方法加入 2 mL 碱性碘化钾溶液。盖上瓶塞，注意瓶内不能留有气泡。然后将碘量瓶颠倒混合 3 次，静置。待生成的棕色沉淀物下降至瓶高一半时，再颠倒混合均匀。继续静置，待沉淀物下降至瓶底。

3. 碘析出

轻启瓶塞，立即用移液管插入液面以下加入 2 mL（1+5）硫酸。小心盖好瓶塞颠倒摇匀。此时沉淀应溶解。若溶解不完全，可再加入少量（1+5）硫酸至溶液澄清且呈黄色或棕色（因析出游离碘）。置于暗处 5 min。

4. 样品的测定

吸取 100 mL 上述溶液于 250 mL 锥形瓶中，用硫代硫酸钠标准溶液滴定至溶液呈淡黄色，再加入 1 mL 淀粉溶液，继续滴定至蓝色刚好褪去，记录硫代硫酸钠溶液用量。

五、实验数据处理

用下式计算水样中溶解氧浓度：

$$\text{溶解氧}(O_2,\text{mg/L})=\frac{M\times V\times 8\times 1\,000}{100}$$

式中 M——硫代硫酸钠标准溶液的浓度，mol/L；

V——滴定消耗硫酸钠标准溶液的体积，mL。

六、注意事项

（1）水样采集后，应加入硫酸锰和碱性碘化钾溶液以固定溶解氧，如水样含有藻类、悬浮物、氧化还原性物质，必须进行预处理。

叠氮化钠修正法：含有 NO_2^-、Fe^{3+}时，向样品中加 NaN_3 和 NaF；

高锰酸钾修正法：含有大量 Fe^{2+}时，加高锰酸钾、NaF、草酸；

明矾絮凝修正法：如果水样有色或有悬浮物，用明矾析出沉淀后取上清液待测；

硫代硫酸钠修正法：当游离氯大于 0.1 mg/L 时，加入硫化硫酸钠；

硫酸铜-氨基磺酸絮凝修正法：含有活性污泥悬浊物。

（2）如果水样是强酸性或强碱性，可用氢氧化钠或硫酸溶液调至中性后测定。

（3）试剂的加入方式：将移液管尖插入液面之下，慢慢加入，以免将空气中氧带入水样中引起误差。

（4）由于加入试剂，样品会由细口瓶中溢出，但影响很小，可以忽略不计。

（5）碘和淀粉的反应灵敏度与温度有一定的关系，温度高时滴定终点的灵敏度会降低，因此滴定必须在 15 °C 以下进行滴定。

（6）淀粉指示剂的加入时机：应该先将溶液由棕色滴定至淡黄色时再加淀粉指示剂，否则终点会出现反复，难以判断。

七、思考题

1. 在水样中，有时加入 $MnSO_4$ 和碱性 KI 溶液后，只生成白色沉淀，是否还需继续滴定？为什么？

2. 碘量法测定水中余氯、DO 时，淀粉指示剂加入先后次序对测定有何影响？

3. 当碘析出时，为什么把溶解氧瓶放置 5 min？

4. 加入硫酸锰溶液、碱性碘化钾溶液和浓硫酸时，为什么定量吸管必须插入液面以下？

实验十一　生化需氧量 BOD_5 的测定

生化需氧量（BOD）是指在规定的条件下，微生物分解水中某些可氧化物质(主要是有机物)的生物化学过程中消耗溶解氧的量，用以间接表示水中可被微生物降解的有机类物质的含量，是反映有机物污染的重要类别指标之一。

一般来说，在第 5 天消耗的氧量大约是总需氧量的 70%，为便于测定，目前国内外普遍采用 20 °C 培养 5 天所需溶解氧含量作为指标，单位以氧的 mg/L 表示，简称 BOD_5。

BOD_5 的测定方法主要有稀释接种法、微生物传感器法、活性污泥曝气降解法、库仑滴定法、测压法等，其中稀释与接种法最为经典，应用广泛。

一、实验目的

（1）了解 BOD_5 间接表示水体中有机物含量的意义和稀释法测定 BOD_5 的基本原理。

（2）掌握一般稀释水的制备和稀释倍数的选择。

（3）掌握碘量法测定溶解氧的方法。

（4）掌握 BOD_5 测定方法与操作规程。

二、实验原理

稀释倍数法也称 20 °C 五日培养法（BOD_5 法）：即取一定量水样或稀释水样，在（20±1）°C 培养 5 天，分别测定水样培养前、后的溶解氧，二者之差为 BOD_5 值，以氧的 mg/L 表示。

水样用稀释水稀释，确定合适的倍数非常重要。稀释倍数太大或太小，则五天培养后剩余的溶解氧太多或太少，甚至为零，都不能得到可靠的结果。稀释的程度应使五天培养中所消耗的溶解氧大于 2 mg/L，而剩余溶解氧在 1 mg/L 以上。在此前提条件下，稀释倍数可以估算，也可以依据经验值法来确定。

对于不含或少含微生物的废水，在测定 BOD_5 时应进行接种。

三、实验仪器和试剂

1. 仪器

（1）恒温培养箱。

（2）5 ~ 20 L 细口玻璃瓶。

（3）1 000 ~ 2 000 mL 量筒。

（4）玻璃搅拌棒：棒长应比所用量筒高度长 200 mm，棒的底端固定一个直径比量筒直径略小，并有几个小孔的硬橡胶板。

（5）溶解氧瓶：200 ~ 300 mL，带有磨口玻璃塞，并具有供水封用的钟形口。

（6）虹吸管：供分取水样和添加稀释水用。

（7）各规格的（胖肚、刻度）移液管等。

2. 试剂

（1）磷酸盐缓冲溶液：将 8.5 g 磷酸二氢钾(KH_2PO_4)、2.75 g 磷酸氢二钾(K_2HPO_4)、33.4 g

磷酸氢二钠($Na_2HPO_4 \cdot 7H_2O$)和 1.7 g 氯化铵(NH_4C1)溶于水中，稀释至 1 000 mL。此溶液的 pH 应为 7.2。

（2）硫酸镁溶液：将 22.5 g 硫酸镁($MgSO_4 \cdot 7H_2O$)溶于水中，稀释至 1 000 mL。

（3）氯化钙溶液(0.25 mol/L)；将 27.5 g 无水氯化钙溶于水，稀释至 1 000 mL。

（4）氯化铁溶液(0.000 9 mol/L)；将 0.25 g 氯化铁($FeCl_3 \cdot 6H_2O$)溶于水，稀释至 1 000 mL。

（5）盐酸溶液(0.5 mol/L)：将 40 mL(ρ = 1.18 g/mL)盐酸溶于水，稀释至 100 mL。

（6）氢氧化钠溶液(0.5 mol/L)：将 20 g 氢氧化钠溶于水，稀释至 1 000 mL。

（7）亚硫酸钠溶液($1/2Na_2SO_3$ = 0.025 mol/L)；将 1.575 g 亚硫酸钠溶于水，稀释至 1 000 mL。此溶液不稳定，需每天配制。

（8）葡萄糖-谷氨酸标准溶液；将葡萄糖和谷氨酸在 103 °C 干燥 1 h 后，各称取 150 mg 溶于水中，移入 1 000 mL 容量瓶内并稀释至标线，混合均匀。此标准溶液临用前配制。

（9）稀释水：在 5 ~ 20 L 玻璃瓶内装入一定量的水，控制水温在 20 °C 左右。然后用无油空气压缩机或薄膜泵，将此水曝气 2 ~ 8 h，使水中的溶解氧接近于饱和，也可以鼓入适量纯氧。瓶口盖以两层经洗涤晾干的纱布，置于 20 °C 培养箱中放置数小时，使水中溶解氧含量达 8 mg/L 左右。临用前于每升水中加入氯化钙溶液、氯化铁溶液、硫酸镁溶液、磷酸盐缓冲溶液各 1 mL，并混合均匀。稀释水的 pH 值应为 7.2，其 BOD_5 应小于 0.2 mg/L。

（10）接种液：可选用以下任一方法获得适用的接种液。

① 城市污水，一般采用生活污水，在室温下放置一昼夜，取上层清液供用；

② 表层土壤浸出液，取 100 g 花园土壤或植物生长土壤，加入 1 L 水，混合并静置 10 min，取上清溶液供用；

③ 用含城市污水的河水或湖水；

④ 污水处理厂的出水；

⑤ 当分析含有难于降解物质的废水时，在排污口下游 3 ~ 8 km；处取水样做为废水的驯化接种液。如无此种水源，可取中和或经适当稀释后的废水进行连续曝气，每天加入少量该种废水，同时加入适量表层土壤或生活污水，使能适应该种废水的微生物大量繁殖。当水中出现大量絮状物，或检查其化学需氧量的降低值出现突变时，表明适用的微生物已进行繁殖，可用做接种液。一般驯化过程需要 3 ~ 8 天。

（11）接种稀释水；取适量接种液，加于稀释水中，混匀。每升稀释水中接种液加入量为：生活污水 1 ~ 10 mL；表层土壤浸出液为 20 ~ 30 mL；河水、湖水为 10 ~ 100 mL。接种稀释水的 pH 应为 7.2，BOD_5 值以在 0.3 ~ 1.0 mg/L 为宜。接种稀释水配制后应立即使用。

四、实验步骤

1. 稀释水的配制

使蒸馏水的溶解氧为 20 °C 时的饱和溶解氧，在这含有饱和溶解氧蒸馏水中，每 1 000 mL 加入上述四种溶液各 1 mL。

2. 水样预处理

测定污水的 COD_{Mn} 值或 COD_{Cr} 值。调节水样 pH 至中性。在测定前水样若 pH 过高或过低、含有少量游离氯、含过饱和溶解氧及有毒物质等均需预处理后再进行测定。

（1）水样的 pH 若超出 6.5 ~ 7.5 范围时，可用盐酸或氢氧化钠溶液调节至近于 7。

（2）水样中含有铜、铅、锌、镉等有毒物质时，可用稀释水进行稀释，以减少毒物的浓度。

（3）对于游离氯在短时间内不能消散的水样，可加入亚硫酸钠溶液除之。

（4）从水温较低或较高水域中采集的水样，应迅速升温或冷却至 20 °C 左右，充分振摇与空气中氧分压接近平衡。

3. 不经稀释水样的测定

溶解氧含量高、有机物含量较少的地面水，可以不经稀释，直接用虹吸管将混合均匀的水样虹吸入两个溶解氧瓶中（在虹吸过程中不能损失或带入溶解氧），水样注满溶解氧瓶并溢出少许，加塞。其中一瓶立刻测定溶解氧，另一瓶加满水封后，放入培养箱，在 20±1 °C 培养 5 天，培养过程中注意添加水封（用稀释水），从开始放入培养箱算起，经过五昼夜后，取出测定剩余的溶解氧。

4. 经稀释水样的测定

（1）确定稀释比：根据测得的 COD 值计算出稀释倍数，一般同时做 3 ~ 4 种稀释倍数。在两个或三个稀释比的样品中，凡消耗溶解氧大于 2 mg/L 和剩余溶解氧大于 1 mg/L 都有效，计算结果时，应取平均值。

（2）用虹吸先把一些稀释水引入 1 000 mL 的量筒中（约所需体积的 1/3），再用移液管吸取所需水样的体积，加入量筒中。

（3）用稀释水稀释到所需的体积，小心混合均匀，将此配好的水样用虹吸法引入带编号的 2 个培养瓶中，至完全充满，盖好盖子，水封。此为第一种稀释倍数的培养液（在整个操作过程应避免产生气泡）。其余的几种稀释倍数培养液，亦按上法操作。同一稀释配制两瓶。BOD_5 与试验稀释比参考表 2-12。

表 2-12　BOD_5 与试验稀释比

BOD_5 范围/(mg/L)	稀释比/%	BOD_5 范围/(mg/L)	稀释比/%
20 000 ~ 70 000	0.01	100 ~ 350	2.0
1 000 0 ~ 35 000	0.02	40 ~ 140	5.0
4 000 ~ 14 000	0.05	20 ~ 70	10
2 000 ~ 7 000	0.1	10 ~ 35	20
1 000 ~ 3 500	0.2	4 ~ 14	50
400 ~ 1 400	0.5	0 ~ 7	100

5. 酸标准溶液的测定

配制稀释比为 2%的葡萄糖-谷氨酸标准溶液的稀释水样。按经稀释水样的测定步骤进行（用接种稀释水进行稀释）。

6. 用培养瓶装两瓶稀释水（或接种稀释水）作为空白培养。

7. 检查瓶子的编号，每一种稀释倍数中取一瓶及一瓶空白液测当天溶解氧，其余各瓶水封后送入 20 °C 培养箱中培养 5 d。

8. 从开始培养起，经过 5 个整昼夜后，取出测定溶解氧。

五、实验数据处理

1. 计算公式

（1）不稀释直接培养的水样。

$$\mathrm{BOD_5(mg/L)} = C_1 - C_2$$

（2）稀释后培养的水样。

$$\mathrm{BOD_5(mg/L)} = \frac{(C_1 - C_2) - (B_1 - B_2) \cdot f_1}{f_2}$$

式中 C_1——水样培养前的溶解氧，mg/L；

C_2——水样培养 5 天后的溶解氧，mg/L；

B_1——稀释水（或接种稀释水）培养前的溶解氧，mg/L；

B_2——稀释水（或接种稀释水）培养 5 天后的溶解氧，mg/L；

f_1——稀释水用量在稀释试样中所占的比例；

f_2——水样在培养液中所占的比例。

2. 数据记录

数据记录于表 2-13。

表 2-13　实验数据记录表

稀释倍数（n）	取样量/mL	测定时间	滴定体积/mL	DO/（mg/L）	$\mathrm{BOD_5}$/（mg/L）
		当天			
		五天			
		当天			
		五天			
		当天			
		五天			
		当天			
		五天			
平均值					

六、注意事项

（1）由于游离氯或结合氯会影响微生物的活性，当样品中含有少量余氯时，需在采样后放置 1 ~ 2 d 使游离氯散发。对在短时间内余氯不能消失，可加入适量亚硫酸钠溶液以去除。

（2）若样品中有大量藻类存在，藻类生存的呼吸作用和光合作用会改变样品中溶解氧含量，培养过程中藻类死亡后会作为有机物被微生物分解，增加耗氧量，导致测定结果偏高。当分析结果精度要求较高时，测定前应用滤孔为 1.6 μm 的滤膜过滤，检测报告中注明滤膜滤孔的大小。

（3）测定生物处理出水，含大量硝化细菌，加入丙烯酸硫脲抑制硝化。

（4）样品中微生物的生存也会受到重金属等有毒物质含量的影响，可使用经驯化的微生物接种液稀释水对水样进行稀释，或提高稀释倍数以减少其浓度。

（5）水样的 pH 会影响微生物的活性，过酸或过碱都会抑制其生长与反应。若样品或稀释后样品 pH 不在 6 ~ 8 范围内，应用盐酸溶液或氢氧化钠溶液调节。

（6）从水温较低或较高水域中采集的水样，可能含过饱和的 DO，应迅速升温或冷却至 20 °C 左右，不满瓶时充分振摇并开塞放气以赶出过饱和的 DO。

（7）在两个或三个稀释比的样品中，凡消耗溶解氧大于 2 mg/L 和剩余溶解氧大于 1 mg/L 都有效，计算结果时，应取平均值。若剩余的 DO 小于 1 mg/L，甚至为 0 时，应加大稀释比。溶解氧消耗量小于 2 mg/L 时，可能稀释倍数过大，可能微生物菌种不适应、活性差，或毒物浓度过大。这时，稀释倍数大的消耗 DO 反而较多。

（8）为检查稀释水和接种液的质量，及化验人员的操作水平，可用 20 mL 葡萄糖-谷氨酸标准溶液用接种稀释水稀释至 1 L，按测定 BOD_5 步骤操作，测定值应在 180 ~ 230 mg/L。

（9）注意实验条件，实验时要水样充满溶解氧瓶水封暗处于（20 ± 1）°C 下培养。

（10）在配稀释水时应用含 20 °C 时的饱和氧浓度的蒸馏水进行配制，同时也需注意营养盐及菌种。

（11）配制培养液时，在混匀搅拌的同时赶走空气泡，并用虹吸管进行装瓶。

七、思考题

1. 此实验需使用溶解氧瓶与碘量瓶，这两种瓶子有什么相似之处与区别？
2. 为什么说要重视稀释倍数的确定？如何合理地选择稀释倍数？
3. 稀释水及接种液的作用是什么？
4. 某些水样在测定生化需氧量时需接种稀释，为什么？

实验十二　水中挥发酚的测定

挥发酚类通常指沸点在 230 °C 以下的酚类，属一元酚，是高毒物质。生活饮用水和 I 、II 类地表水水质限值均为 0.002 mg/L，污染中最高容许排放浓度为 0.5mg/L（一、二级标准）。测定挥发酚类的方法有 4-氨基安替比林分光光度法、溴化容量法、气相色谱法等。目前各国普遍采用 4-氨基安替比林分光光度法，高浓度含酚废水可采用溴化容量法。

地表水，地下水和饮用水宜用萃取分光光度法测定，检出限为 0.000 3 mg/L，测定下限为 0.001 mg/L，测定上限为 0.04 mg/L。

工业废水和生活污水宜用直接分光光度法测定，检出限为 0.01 mg/L，测定下限为 0.04 mg/L，测定上限为 2.50 mg/L。

对于浓度高于标准测定上限的样品，可适当稀释后进行测定。

一、实验目的

（1）了解挥发酚的概念及酚污染对环境的影响。

（2）掌握 4-氨基安替比林分光光度法测定水中挥发酚的原理和操作技术。

（3）初步掌握蒸馏的操作技术。

（4）熟练掌握分光光度计的使用、标准曲线的绘制及有关计算方法。

二、实验原理

用蒸馏法使挥发性酚类化合物蒸馏出，并与干扰物质和固定剂分离，由于酚类化合物的挥发速度是随馏出液体积而变化，因此，馏出液体积必须与试样体积相等。

被蒸馏出的酚类化合物，于 pH 为 10.0±0.2 介质中，在铁氰化钾存在下，与 4-氨基安替比林反应生成橙红色的安替比林染料，显色后，在 30 min 内于 510 nm 波长处，测定其吸光度。

由于样品中所含酚的种类不同，各种酚的相对含量不同，因而不能提供一个含混合酚的通用标准。通常选用苯酚做标准，任何其他酚在反应中产生的颜色都看成是苯酚作用的结果。所以，测定结果以含苯酚 mg/L 表示。

三、实验仪器和试剂

1. 仪器

（1）500 mL 全玻璃蒸馏器。

（2）50 mL 具塞比色管。

（3）500 mL 锥形分液漏斗。

（4）分光光度计。

（5）移液管、吸量管。

2. 试剂

（1）无酚水：于 1 L 中加入 0.2 g 经 200 °C 活化 0.5 h 的活性炭粉末，充分振摇后，放置过夜，用双层中速滤纸过滤，滤出液储于硬质玻璃瓶中备用。或加氢氧化钠使水呈强碱性，并滴加高锰酸钾溶液至紫红色，移入蒸馏瓶中加热蒸馏，收集馏出液备用。

（2）硫酸铜溶液：称取 50 g 硫酸铜($CuSO_4 \cdot 5H_2O$)溶于水，稀释至 500 mL。

（3）磷酸溶液：量取 10 mL85%的磷酸用水稀释至 100 mL。

（4）甲基橙指示剂溶液：称取 0.05 g 甲基橙溶于 100 mL 水中。

（5）苯酚标准储备液：称取 1.00 g 无色苯酚溶于水，移入 1 000 mL 容量瓶中，稀释至标线，置于冰箱内备用。该溶液按下述方法标定。

吸取 10.00 mL 苯酚标准储备液于 250 mL 碘量瓶中，加 100 mL 水和 10.00 mL 0.1 000 mol/L 溴酸钾-溴化钾溶液后，立即加入 5 mL 浓盐酸，盖好瓶塞，轻轻摇匀，于暗处放置 10 min；接着加入 1 g 碘化钾，密塞，轻轻摇匀，于暗处放置 5 min 后，用 0.125 mol/L 硫代硫酸钠标准溶液滴定至淡黄色，加 1 mL 淀粉溶液，继续滴定至蓝色刚好褪去，记录用量。以水代替苯酚储备液做空白试验，记录硫代硫酸钠标准溶液用量。苯酚储备液浓度按下式计算：

$$\text{苯酚(mg/L)} = \frac{(V_1 - V_2) \times c \times 15.68}{V}$$

式中　V_1——空白试验消耗硫代硫酸钠标准溶液量，mL；

V_2——滴定苯酚标准储备液时消耗硫代硫酸钠标准溶液量，mL；

V——取苯酚标准储备液体积，mL；

c——硫代硫酸钠标准溶液浓度，mol/L；

15.68——苯酚摩尔($1/6C_6H_5OH$)质量，g/mol。

（6）苯酚标准中间液：取适量苯酚储备液，用水稀释至每毫升含 0.010 mg 苯酚。使用时当天配制。

（7）溴酸钾-溴化钾标准参考溶液[$C(1/6KBrO_3)=0.1$ mol/L]：称取 2.784 g 溴酸钾($KBrO_3$)溶于水，加入 10 g 溴化钾(KBr)，使其溶解，移入 1 000 mL 容量瓶中，稀释至标线。

（8）重铬酸钾标准溶液[$C(1/6K_2Cr_2O_3)=0.012\,5$mol/L]：称取于 105 ~ 110 °C 烘干 2h 并冷却的重铬酸钾 0.612 9 g，溶于水，移入 1 000 mL 容量瓶中，用水稀释至标线，摇匀。

（9）硫代硫酸钠标准溶液（0.012 5 mol/L）：称取 3.1 g 硫代硫酸钠($Na_2S_3O_3 \cdot 5H_2O$)溶于煮沸放冷的水中，加入 0.1 g 碳酸钠，稀释至 1 000 mL，临用前，用下述方法标定。

标定方法：在 250 mL 碘量瓶中加入 25 mL 蒸馏水、0.5 g 碘化钾、10.00 mL 0.012 5 mol/L 重铬酸钾溶液和 5 mL（1+5）硫酸，摇匀，加塞后置于暗处 5 min，用待标定的硫代硫酸钠溶液滴定至浅黄色，然后加入 0.5%淀粉溶液 1.0 mL，继续滴定至蓝色刚好变为淡绿色为止，记录用量，并用下式计算其浓度。平行做 3 份，取平均值。

$$c_1 = \frac{c_2 \times 10}{V_1}$$

式中　c_1——标定后硫代硫酸钠溶液的浓度，mol/L；

c_2——重铬酸钾标准溶液的浓度，mol/L；

V_1——消耗的硫代硫酸钠溶液的体积，mL。

（10）0.5%淀粉溶液：称取 0.5 g 可溶性淀粉，用少量水调成糊状，加沸水至 100 mL，冷后，置冰箱内保存。

（11）缓冲溶液(pH 约为 10.7)：称取 20 g 氯化铵(NH_4Cl)溶于 100 mL 氨水中，加塞，置于冰箱中保存。

（12）2%(m/V)4-氨基安替比林溶液：称取 4-氨基安替比林($C_{11}H_{13}N_3O$) 2 g 溶于水，稀释至 100 mL，置于冰箱内保存。可使用一周。

注：固体试剂易潮解、氧化，宜保存在干燥器中。

（13）8%(m/V)铁氰化钾溶液：称取 8 g 铁氰化钾溶于水，稀释至 100 mL，置于冰箱内保存。可使用一周。

四、实验步骤

1. 水样预处理

（1）量取 100 mL 水样（如酚含量高，可分取适量水样加水至 100 mL，使酚含量不超过 1.0 mg）置于蒸馏瓶中，加数粒小玻璃珠或沸石以防暴沸，再加二滴甲基橙指示液，用磷酸溶液调节至 pH 为 4（溶液呈橙红色），加 5.0 mL 硫酸铜溶液（如采样时已加过硫酸铜，则补加适量）。

加入硫酸铜溶液后产生较多量的黑色硫化铜沉淀，则摇匀后放置片刻，待沉淀后，再滴加硫酸铜溶液，直到不再产生沉淀为止。

（2）连接好冷凝管和接收器皿（100 mL 量筒），检查仪器各接口（磨口）处不漏气后，先打开冷却水，再打开电炉开关，加热蒸馏，并控制馏出液流出速度，以每秒 1～2 滴为宜。待至蒸馏出约 75 mL 时，停止加热，冷却至不再沸腾后向蒸馏瓶中加入 25 mL 无酚蒸馏水，继续蒸馏至馏出液为 100 mL 为止，将馏出液摇匀备用。

注：蒸馏时即使杂质量很少也不能蒸干！蒸馏过程中，如发现甲基橙的红色褪去，应在蒸馏结束后，再加 1 滴甲基橙指示液。如发现蒸馏后残液不呈酸性，则应重新取样，增加磷酸加入量，进行蒸馏。

2. 标准曲线的绘制

于一组 8 支 50 mL 比色管中，分别加入 0、0.5、1.00、3.00、5.00、7.00、10.00 mL 苯酚标准中间液，加水至 50 mL 标线。加 0.5mL 缓冲溶液，混匀，此时 pH 为 10.0±0.2，加 4-氨基安替比林溶液 1.0 mL，混匀。再加 1.0 mL 铁氰化钾溶液，充分混匀，放置 10 min 后立即于 510 nm 波长处，用 10 mm 比色皿，以水为参比，测量吸光度。经空白校正后，绘制吸光度对苯酚含量（mg）的标准曲线。

3. 水样的测定

分取 25.00 mL 馏出液于 50 mL 比色管中，稀释至 50mL 标线。用与绘制标准曲线相同步骤测定吸光度，计算减去空白试验后的吸光度。空白试验是以蒸馏水代替水样，经蒸馏后，按与水样相同的步骤测定。

五、实验数据处理

1. 数据记录

表 2-14　实验数据记录表

编号	1	2	3	4	5	6	水样	空白
标准液体积/mL	0	1	3	5	7	10		
苯酚含量/μg								
测定吸光度								
校正吸光度								

2. 标准曲线的绘制

以苯酚含量（μg）为横坐标，校正吸光度为纵坐标绘制标准线，并写出回归方程。

3. 挥发酚浓度的计算

（1）如果做空白试验，水样中挥发酚类的含量按下式计算

$$\text{挥发酚浓度(以苯酚计，mg/L)} = 1\,000 \times \frac{m_x - m_0}{V}$$

式中　m_x——由水样测得的校正吸光度，从标准曲线上查得相应的挥发酚的含量，mg；

m_0——由空白试验测得的校正吸光度，从标准曲线上查得相应的挥发酚的含量，mg；

V——比色时所取馏出液体积，mL。

如果不做空白试验，水样中挥发酚类的含量按下式计算：

$$\text{挥发酚浓度(以苯酚计，mg/L)} = 1\,000 \times \frac{m}{V}$$

式中　m——水样吸光度经空白校正后从标准曲线上查得的苯酚含量，mg；

V——移取馏出液体积，mL。

六、注意事项

（1）水样中的酚不稳定，易被氧化或受微生物作用而损失，因此，水样采集后应加氢氧化钠保存剂与适量硫酸铜溶液，并尽快测定。

（2）水样中氧化性、还原性物质，金属离子及芳香胺类化合物等会干扰测定，预蒸馏可除去大多数干扰物，一次蒸馏足以净化样品，若出现馏出液浑浊，需用磷酸酸化后再次进行蒸馏。

（3）所用移液管一定要洗干净，放入试剂瓶中，并且要等实验完毕后，才能取出来清洗，以防试剂被污染。

（4）缓冲溶液应在低温下保存，取用后应立即加塞盖严，以避免氨挥发引起 pH 的改变。

（5）样品显色与标准系列一定要同步进行。

（6）使用比色皿时，切记不要装满溶液！

（7）废液须倒入废液桶内（因为用铁氰化钾作氧化剂，操作过程中产生的氰化物会污染

环境）。

（8）如水样含挥发酚较高，移取适量水样并加至 100 mL 进行蒸馏，则在计算时应乘以稀释倍数。如水样中挥发酚类浓度低于 0.5 mg/L 时，采用 4-氨基安替比林萃取分光光度法。

七、思考题

1. 水中挥发酚测定时，一定要进行预蒸馏，为什么？
2. 当预蒸馏两次，馏出液仍浑浊时如何处理？
3. 水样中在挥发酚测定时，如在预蒸馏过程中发现甲基橙红色退去，该如何处理？

实验十三　水中苯系化合物的测定

苯系化合物（简称苯系物）通常包括苯、甲苯、乙苯、邻位二甲苯、间位二甲苯、对位二甲苯、异丙苯、苯乙烯八种化合物，是生活饮用水、地表水质量标准和污水排放标准中控制的有毒物质指标。测定苯系物的方法有顶空气相色谱法、二硫化碳萃取气相色谱法和气相色谱-质谱（GC-MS）法。本实验采用顶空气相色谱法。

一、实验目的

（1）掌握用顶空法预处理水样，用气相色谱法测定苯系物的原理和操作方法。

（2）了解气相色谱分析的基本知识及色谱仪各组成部分的工作原理。

二、实验原理

在恒温的密闭容器中，水样中的苯系物挥发进入容器上层的空气相中，当气、液两相间达到平衡后，取液上气相样品进行色谱分析。

三、实验仪器与试剂

1. 仪器

（1）气相色谱仪，具有 FID 检测器。

（2）带有恒温水浴的振荡器。

（3）100 mL 全玻璃注射器或气密性注射器，并配有耐油胶帽，也可以用顶空瓶。

（4）5 mL 全玻璃注射器。

（5）10 μL 微量注射器。

2. 试剂

（1）有机硅藻土（色谱固定液）。

（2）邻苯二甲酸二壬酯（DNP）（色谱固定液）。

（3）101 白色担体。

（4）苯系物标准物质：苯、甲苯、乙苯、对二甲苯、间二甲苯、邻二甲苯、异丙苯和苯乙烯，均为色谱纯。

（5）苯系物标准储备液：用 10 μL 微量注射器取苯系物标准物质，配成浓度各为 10 mg/L 的混合水溶液。该储备液于冰箱内保存，一周内有效。

（6）氯化钠（优级纯）。

（7）高纯氮气（99.999%）。

四、实验步骤

1. 顶空样品的制备

称取 20 g 氯化钠，放入 100 mL 注射器中，加入 40 mL 水样，排出针筒内空气，再吸入 40 mL 氮气，用胶帽封好注射器。将注射器置于振荡器恒温水槽中固定，在约 30 °C 下振荡

5 min，抽出液上空间的气样 5 mL 进行色谱分析。当废水中苯系物浓度较高时，适当减少进样量。

2. 标准曲线的绘制

用苯系物标准储备液配成浓度为 5、20、40、60、80、100 μg/L 的苯系物标准系列水溶液，吸取不同浓度的标准系列溶液，按“顶空样品的制备”方法处理，取 5 mL 液上空间气样进行色谱分析，绘制浓度-峰高标准曲线。

3. 色谱条件

(1) 色谱柱：长 3 m，内径 4 mm 螺旋型不锈钢柱或玻璃柱。

(2) 柱填料：（3%有机硅藻土-101 白色担体）与（2.5%DNP-101 白色担体），其质量比例为 35：65。

(3) 温度：柱温 65 °C；气比室温度 200 °C；检测器温度 150 °C。

(4) 气体流量：氮气 400 mL/min，氢气 40 mL/min，空气 400 mL/min。应根据仪器型号选用最合适的气体流量。

4. 测定结果

根据样品色谱图上苯系物各组分的峰值，从各自的标准曲线上查得样品中苯系物相应组分的浓度。

五、实验数据处理

（1）根据测定苯系物标准系列溶液和水样得到的色谱图，绘制各组分浓度-峰值标准曲线；由水样中苯系物各组分的峰值，从各自的标准曲线上查得样品中的浓度。

（2）根据实验操作和条件控制等方面的实际情况，分析可能导致测定误差的因素。

六、注意事项

（1）用顶空法制备样品是准确分析的重要步骤之一，振荡时温度变化及改变气、液两相的比例等因素都会使分析误差增大。如需要二次进样，应重新恒温振荡。进样时所用注射器应预热到稍高于样品温度。

（2）配制苯系物标准储备液时，可先将移取的苯系物加入少量甲醇中后，再配制成水溶液。配制工作要在通风良好的条件下进行，以免危害健康。

七、思考题

1. 为什么取顶空气体测试就可以测得水样中待测成分的含量？

2. 除了采用顶空进样法对水样进行预处理外，还有哪些预处理的方法？

实验十四　水中油的测定

水体中的石油类物质来自生活污水和工业废水，漂浮于水体表面的油将会影响空气与水体表面氧的交换，而分散于水中以及吸附于悬浮颗粒上或以乳化状态存在于水中的油易被微生物氧化分解，并将消耗水中的溶解氧，从而使水质恶化。污水和废水中油的测定是比较复杂的，其测定方法有重量法、红外分光光度法、紫外分光光度法。

当水中油含量大于 10 mg/L 时，可使用重量法进行测定。当水中油含量为 0.05 ~ 10mg/L 时红外分光光度法和紫外分光光度法进行测定。本实验重点介绍重量法和紫外分光光度法。

重量法

一、实验目的

（1）了解污水和废水中油测定的目的和意义。

（2）掌握用重量法测定污水和废水中油的方法，以及适用范围。

二、实验原理

以硫酸酸化水样，用石油醚萃取矿物油，蒸除石油醚后，称其重量。

此法测定的是酸化样品中可被石油醚萃取的、且在试验过程中不挥发的物质总量。在溶剂去除时，使得轻质油有明显损失。由于石油醚对油有选择性地溶解，因此，石油的较重成分中可能含有不为溶剂萃取的物质。

三、实验仪器与试剂

1. 仪器

（1）分析天平。

（2）恒温箱。

（3）恒温水浴锅。

（4）1 000 mL 分液漏斗。

（5）干燥器。

（6）直径 11 cm 中速定性滤纸。

2. 试剂

（1）石油醚：将石油醚（沸程 30 ~ 60 °C）重蒸后使用。100 mL 石油醚的蒸干残渣不应大于 0.2 mg。

（2）无水硫酸钠：无水硫酸钠在 300 °C 马弗炉中烘 1 h，冷却后装瓶备用。

（3）1+1 硫酸。

（4）氯化钠。

四、实验步骤

(1)在采集样瓶上作一容量记号后(以便以后测量水样体积),将此收集的大约1 L已酸化($pH<2$)水样,全部转移至分液漏斗中,加入氯化钠,其量约为水样量的8%。用25 mL石油醚洗涤采样瓶并转入分液漏斗中,充分摇匀3 min,静置分层并将水层放入原采样瓶内,石油醚层转入100 mL锥形瓶中。用石油醚重复萃取水样两次,每次用量25 mL,合并三次萃取液于锥形瓶中。

(2)向石油醚萃取液中加入适量无水硫酸钠(加入至不再结块为止),加盖后,放置0.5 h以上,以便脱水。

(3)用预先用石油醚洗涤过的定性滤纸过滤,收集滤液于100 mL已烘干至恒重的烧杯中,用少量石油醚洗涤锥形瓶、硫酸钠和滤纸,洗涤液并入烧杯中。

(4)将烧杯置于65±5 °C水浴上,蒸出石油醚。近干后再置于65±5 °C恒温箱内烘干1 h,然后放入干燥器中冷却30 min,称量。

五、实验数据处理

油的浓度可通过下式计算:

$$油(mg/L)=\frac{W_1-W_2}{V}\times10^6$$

式中 W_1——烧杯加油总重量,g;

W_2——烧杯重量,g;

V——水样体积,mL。

六、注意事项

(1)分液漏斗的活塞不要涂凡士林。

(2)测定废水中石油类时,若含有大量动、植物性油脂,应取内径20 mm,长300 mm一端呈漏斗状的硬质玻璃管,填装100 mm厚活性层析氧化铝(在150~160 °C活化4 h,未完全冷却前装好柱),然后用10 mL石油醚清洗。将石油醚萃取液通过层析柱,除去动、植物性油脂,收集流出液于恒重烧杯中。

(3)采样瓶应为清洁玻璃瓶,用洗涤剂清洗干净(不要用肥皂)。应定容采样,并将水样全部移入分液漏斗测定,以减少油附着于壁上引起的误差。

紫外分光光度法

一、实验目的

(1)了解污水和废水中油测定的目的和意义。

(2)掌握用紫外分光光度法测定污水和废水中油的方法,以及适用范围。

二、实验原理

石油及其产品在紫外光区有特征吸收,带有苯环的芳香族化合物主要吸收波长为250~

260 nm；带有共轭双键的化合物主要吸收波长为 215 ~ 230 nm。一般原油的两个主要吸收波长为 225 及 254 nm。石油产品中，如燃料油、润滑油等吸收峰与原油相近。因此，波长的选择应视实际情况而定，原油和重质油可选 254 nm，而轻质油及炼油产的油品可选 225 nm。

标准油采用受污染地点水样中的石油醚萃取物。如有困难可采用 15 号油、20 号重柴油或环保部分批准的标准油。

向水样加入 1 ~ 5 倍含油量的苯酚，对测定结果无干扰，动、植物性油脂的干扰作用比红外线法小。用塑料桶采集或保存水样，会引起测定结果偏低。

三、实验仪器和试剂

1. 仪器

（1）紫外分光光度计，10 mm 石英比色皿。

（2）1 000 mL 分液漏斗。

（3）50 mL 容量瓶。

（4）25 mL 玻璃砂芯漏斗。

2. 试剂

（1）标准油品：用经脱芳烃并重蒸馏过的 30 ~ 60 °C 石油醚，从待测水样中萃取油品，经无水硫酸钠脱水后过滤。将滤液置于（65±5）°C 水浴上蒸出石油醚，然后置于（65±5）°C 恒温箱内赶尽残留的石油醚，即得标准油品。

（2）标准油储备液：准确称取标准油品 0.100 g 溶于石油醚中，移入 100 mL 容量瓶内，稀释至标线，储于冰箱中。此溶液每毫升含 1.00 mg 油。

（3）标准油使用液：临用前把上述标准储备液有石油醚稀释 10 倍，此液每毫升含 0.10 mg 油。

（4）无水硫酸钠：在 300 °C 下烘 1 h，冷却后装瓶备用。

（5）石油醚（60 ~ 90 °C 馏份）-脱芳烃石油醚：将 60 ~ 100 目粗孔微球硅胶和 70 ~ 120 目中性层析氧化铝（在 150 ~ 160 °C 活化 4 h），在未完全冷却前装入内径 25 mm（其他规格也可），高 750 mm 的玻璃柱中。下层硅胶高 600 mm，上面覆盖 50 mm 厚的氧化铝，将 60 ~ 90 °C 石油醚通过此柱脱除芳烃。收集石油醚于细口瓶中，以水为参比，在 225 nm 处测定处理过的石油醚，其透光率不应小于 80%。

（6）1+1 硫酸。

（7）氯化钠。

四、实验步骤

（1）向 7 个 50 mL 容量瓶中，分别加入 0、2.00、4.00、8.00、12.00、20.00 和 25.00 mL 标准油使用溶液，用石油醚（60 ~ 90 °C 馏份）稀释至标线。在选定波长处，用 10 mm 石英比色皿，以石油醚为参比测定吸光度，经空白校正后，绘制标准曲线。

（2）将已测量体积的水样，仔细移入 1 000 mL 分液漏斗中，加入 1+1 的硫酸 5 mL 酸化（若采样时已酸化，则不需要加酸）。加入氯化钠，其量约为分液漏斗的 2%（m/V）。用 20 mL 石油醚（60 ~ 90 °C 馏份）清洗采样瓶后，移入分液漏斗中。充分振荡 3 min，静置使之分层，将水层移入采样瓶内。

（3）将石油醚萃取液通过内铺约 5 mm 厚度无水硫酸钠的砂芯漏斗，滤入 50 mL 容量瓶内。

（4）将水层移回分液漏斗内，用 20 mL 石油醚重复萃取一次，同上操作。然后用 10 mL 石油醚洗涤漏斗，其洗涤液均收集于同一容量瓶内，并用石油醚稀释至标线。

（5）在选定波长处，用 10 mm 石英比色皿，以石油醚为参比，测量其吸光度。

（6）取与水样相同体积的纯水，按照水样操作，步骤制备空白试验溶液进行空白试验。

（7）由水样测得的吸光度，减去空白试验的吸光度后，从标准曲线上查出相应的油含量。

五、实验数据处理

1. 数据记录

表 2-16　实验数据记录表

编号	1	2	3	4	5	6	7	水样	空白
标准液体积/mL	0	2	4	8	12	20	25		
标准油含量/μg									
测定吸光度									
校正吸光度									

2. 标准曲线的绘制

以油含量（μg）为横坐标，校正吸光度为纵坐标绘制曲线，并写出回归方程。

3. 水样的校正吸光度，从标准曲线上查得（或由回归曲线计算）油含量，按下式计算：

$$油(mg/L)=\frac{m}{V}\times 1\,000$$

式中　m——从标准曲线中查出相应油的量，mg；

　　　V——水样的体积，mL。

六、注意事项

（1）不同油品的特征吸收峰不同，如遇到难以确定测定的波长时，可向 50 mL 容量瓶中移入标准油使用溶液 20 ~ 25 mL，用石油醚稀释至标线，在波长为 215 ~ 300 nm 间，用 10 mm 石英比色皿测得吸收光谱图（吸光度为纵坐标，波长为横坐标的吸光度曲线），得到最大吸收峰的位置，该峰值一般处于 220 ~ 225 nm。

（2）使用的器皿应避免有机物污染。

（3）水样及空白测定所使用的石油醚应为同一批号，否则会出现由于空白值不同而产生误差。

（4）如石油醚纯度较低，或缺乏脱芳烃条件，亦可采用已烷作萃取剂。把已烷进行重蒸馏后使用，或用水洗涤 3 次，以除去水溶性杂质。以水作参比，于波长 225 nm 处测定，其透光率应大于 80%方可使用。

七、思考题

1. 重量法和紫外分光光度法测定水中石油类有何区别与联系？
2. 紫外分光光度法中，为什么标准油应采用取样点的石油醚萃取物？
3. 为什么要测定空白，测定液扣除的是什么物质的空白？

实验十五　水质高锰酸盐指数的测定

高锰酸盐指数是反映清洁和较清洁水体中有机物和无机可氧化物质污染的常用指标，水中的亚硝酸盐 、亚铁盐、硫化物等还原性无机物和在此条件下可被氧化的有机物，均可消耗高锰酸钾，因此高锰酸盐指数常被作为地表水受有机污染物和还原性无机物污染程度的综合指标，该标准采用高锰酸钾氧化水样中某些有机物及无机可氧化物质，由消耗的高锰酸钾量计算相当的氧量。

一、实验目的

（1）学习和掌握酸性高锰酸钾法测定高锰酸盐指数的方法。

（2）深化对返滴定法的理解。

二、实验原理

在样品中准确加入已知量的高锰酸钾标准溶液和硫酸，在沸水浴中加热 30 min，高锰酸钾将水样中的某些有机物和无机还原性物质氧化，反应后加入过量的草酸钠还原剩余的高锰酸钾，再用高锰酸钾标准溶液回滴过量的草酸钠，通过计算求出水样的高锰酸盐指数。

本方法适用于饮用水、水源水和地面水的测定，测定范围为 0.5 ~ 4.5 mg/L。对污染较重的水，可少取水样，经适当稀释后测定。不适用于测定工业废水中有机污染的负荷量，如需测定，可用重铬酸钾法测定化学需氧量。氯离子浓度高于 300 mg/L，采用在碱性介质中氧化的测定方法。

三、实验仪器与试剂

1. 试剂

（1）高锰酸钾（$1/5KMnO_4$=0.1 mol/L）：称取 3.2 g 高锰酸钾溶于 1.2 L 水中，加热煮沸，使体积减少到约 1 L，放置过夜，用 G-3 玻璃砂芯漏斗过滤后，滤液储于棕色瓶中保存。

（2）高锰酸钾溶液（$1/5KMnO_4$=0.01 mol/L）：吸取 100 mL 上述高锰酸钾溶液，用水稀释至 1 000 mL，储于棕色瓶中。使用当天应进行标定，并调节至 0.01 mol/L 准确浓度。

（3）硫酸 1 + 3。

（4）草酸钠标准溶液($1/2Na_2C_2O_4$=0.1 000 mol/L)：称取 0.670 5 g 在 105 ~ 110 °C 下烘干 1 h 并冷却的草酸钠溶于水，移入 100 mL 容量瓶中，用水稀释至标线。

（5）草酸钠标准溶液($1/2Na_2C_2O_4$=0.010 0 mol/L)：吸取 10.00mL 的上述草酸钠溶液，移入 100 mL 容量瓶中，用水稀释至标线。

2. 仪器

（1）沸水浴装置。

（2）250 mL 锥形瓶。

（3）50 mL 酸式滴定管。

四、实验步骤

（1）分取 100 mL 混匀水样于 250 mL 锥形瓶中，加入 5 mL（1 + 3）硫酸，混匀后用滴定管加入 10.00 mL 0.01 mol/L 高锰酸钾溶液，摇匀，立即放入沸水浴中加热 30 min（从水浴重新沸腾起计时）。沸水浴液面要高于反应溶液的液面。

（2）取出锥形瓶后，趁热用滴定管加入 10.00 mL 0.010 0 mol/L 草酸钠标准溶液至溶液变为无色，摇匀。立即用 0.01 mol/L 高锰酸钾溶液滴定溶液至显微红色，并保持 30 s 不褪色，记录高锰酸钾溶液消耗量。

（3）空白试验：若水样经稀释时，应同时另外 10 mL 水，同水样操作步骤进行空白试验。

（4）高锰酸钾溶液浓度的标定：将已滴定完毕的溶液加热至约 70 °C，准确加入 10.00 mL 草酸钠标准溶液(0.010 0 mol/L)，再用 0.01 mol/L 高锰酸钾溶液滴定至显微红色。记录高锰酸钾溶液的消耗量，按下式求得高锰酸钾溶液的校正系数（K）。

$$K = 10.00/V$$

式中 V——高锰酸钾溶液消耗量（mL）。

注：若水样不需要稀释，高锰酸钾溶液校正系数采用 2.滴定完毕的溶液。

若水样需稀释，高锰酸钾溶液校正系数采用 3.滴定完毕的溶液。

五、实验数据处理

1. 水样不经稀释

$$\text{高锰酸盐指数}\ (O_2,\text{mg/L}) = \frac{(10+V_1)K-10}{100} \times c \times 8 \times 1\,000$$

式中 V_1——滴定水样时，草酸钠溶液的消耗量，mL；

K——校正系数；

c——高锰酸钾溶液浓度，mol/L；

8——氧（1/2O）摩尔质量。

2. 水样经稀释

$$\text{高锰酸盐指数}\ (O_2,\text{mg/L}) = \frac{[(10+V_1)K-10]-[(10+V_0)K-10]}{V_2} \times c_1 \times c \times 8 \times 1\,000$$

式中 V_0——空白试验中高锰酸钾溶液消耗量，mL；

V_2——实际水样体积，mL；

c——高锰酸钾溶液浓度，mol/L；

c_1——稀释的水样中含水的比值。

例如：10.0 mL 水样用 90 mL 水稀释至 100 mL，则 c_1=0.90。

六、注意事项

（1）沸水浴的水面要高于锥形瓶内的液面。严格控制操作，高锰酸钾溶液加入后应立即加热。水浴加热时间一定要控制在 30 ± 2 min 分钟的范围内，并尽量使加热时间统一为 30 min。

（2）在水浴中加热完毕后，溶液仍应保持淡红色，加热后变浅或全部褪去，说明高锰酸钾的用量不够。此时，应将水样稀释倍数加大后再测定，加热氧化后残留的高锰酸钾为其加入量的 1/2 ~ 1/3 为宜。

（3）在酸性条件下，草酸钠和高锰酸钾的反应温度应保持 60 ~ 80 °C，所以滴定操作必须趁热进行，若溶液温度过低，需适当加热。水浴加热结束后，应在 7 min 内将样品滴定完毕，并且时间越快越好。

（4）常规检测中，可直接加热 10 min 代替水浴加热 30 min，加热时应使样品迅速煮沸，时间不能太长，通常要求准确煮沸 10 min。煮沸 10 min 后应残留 40% ~ 60%的高锰酸钾，倘若煮沸过程中红色消失或变黄，即说明有机物或还原性物质过多，需将水样稀释后重做，或用 0.1 mol/L 高锰酸钾和草酸标准溶液滴定。回滴过量的草酸标准溶液所消耗的高锰酸钾溶液的体积在 4 ~ 6 mL，否则需重新取适量水样进行测定。

（5）由于一般蒸馏水中常含有易被氧化的物质，因此用水稀释时，蒸馏水空白值应小于 0.80 mg/L，否则应将蒸馏水进行二次蒸馏或将样品适当稀释，以空白值校正测定结果。

（6）当水样中氯离子含量超过 30 mg/L 时，酸性高锰酸钾法由于氯离子的还原作用而不能得到正确的结果，可加蒸馏水稀释，使氯离子浓度降低，或采用碱性高锰酸钾法：即取 100 mL 混匀水样于锥形瓶中，加入 0.5 mL50%氢氧化钠溶液，加入 10.00 mL 0.01 mol/L 高锰酸钾溶液。 将锥形瓶放入沸水浴中加热 3 min，取下锥形瓶，冷却至 70 ~ 80 °C，加入（1 + 3）硫酸 5 mL，加入 0.01 mol/L 草酸钠溶液 10.00 mL，摇匀， 用 0.01 mol/L 高锰酸钾溶液回滴至溶液呈微红色为止。

（7）由于高锰酸钾的浓度易于改变，因此每次做样品时，必须进行修正，求出修正系数。

（8）碱性高锰酸钾法说明。

A1 适用范围：当样品中氯离子浓度高于 300 mg/L 时，则采用在碱性介质中，用高锰酸钾氧化样品中的某些有机物及无机还原性物质。

A2 分析步骤：吸取 100.0 mL 样品（或适量，用水稀释至 100 mL），置于 250 mL 锥形瓶中，加入 0.5 mL 氢氧化钠溶液，摇匀。用滴定管加入 10.00 mL 高锰酸钾溶液，将锥形瓶置于沸水浴中 30±2 min（水浴沸腾，开始计时）。取出后，加入 10±0.5 mL 硫酸，摇匀。以下步骤同上。

A3 分析结果表达同上。

*表 2-17 地表水环境质量标准高锰酸盐指数标准限值（单位 mg/L）

高锰酸盐指数 ≤	2	4	6	10	15

*反应方程式： $MnO_4^- + 8H^+ + 5e = Mn^{2+} + 4H_2O$

$2MnO_4^- + 5C_2O_4^{2-} + 16H^+ = 2Mn^{2+} + 10CO_2 + 8H_2O$

七、思考题

1. 简述酸性高锰酸钾法测定原理。
2. 水浴加热之后，样品为什么无色？怎样保持样品的淡红色？
3. 水样中氯离子大于 300 mg/L 时，采用什么方法测定高锰酸盐指数？

第三章　大气污染监测

实验十六　二氧化硫的测定

二氧化硫作为一种常见的硫氧化物，具有腐蚀性和强烈的刺激性气味。主要来源于汽车废气、火力发电站和其他工业的燃料燃烧及硝酸、氮肥、炸药的工业生产过程，以及杀虫剂、杀菌剂、漂白剂和还原剂等化学用品的制作过程，是大气污染的主要原因之一。国标方法中对环境空气中二氧化硫的测定方法主要有甲醛吸收-副玫瑰苯胺分光光度法和四氯汞盐吸收-副玫瑰苯胺分光光度法两种。为避免汞的污染，本实验主要介绍甲醛吸收-副玫瑰苯胺分光光度法。

一、实验目的

（1）了解大气污染物的布点采样方法和原理。

（2）掌握大气采样器的构造及工作原理。

（3）掌握甲醛吸收-副玫瑰苯胺分光光度法测定大气中 SO_2 的方法及原理。

二、实验原理

二氧化硫被甲醛缓冲溶液吸收后，生成稳定的羟甲基磺酸加成化合物，在样品溶液中加入氢氧化钠使加成化合物分解，释放出的二氧化硫与副玫瑰苯胺、甲醛作用，生成紫红色化合物，用分光光度计在波长 577 nm 处测量吸光度。

当使用 10 mL 吸收液，采样体积为 30 L 时，测定空气中二氧化硫的检出限为 0.007 mg/m^3，测定下限为 0.028 mg/m^3，测定上限为 0.667 mg/m^3。

当使用 50 mL 吸收液，采样体积为 288 L，试份为 10 mL 时，测定空气中二氧化硫的检出限为 0.004 mg/m^3，测定下限为 0.014 mg/m^3，测定上限为 0.347 mg/m^3。

三、实验仪器和试剂

1. 仪器

（1）小流量气体采样器，流量范围 0.1 ~ 1 L/min。

（2）多孔玻板吸收管。

（3）10 mL、50 mL 具塞比色管。

（4）分光光度计。

2. 试剂

（1）氢氧化钠溶液（1.5 mol/L）：称取 6 gNaOH 溶于 100 mL 水中。

（2）环已二胺四乙酸二钠溶液，c(CDTA-2Na)=0.05 mol/L：称取 1.82 g 反式 1，2-环已二

胺四乙酸，加入 1.5 mol/L 氢氧化钠溶液 6.5 mL，用水稀释至 100 mL。

（3）甲醛缓冲吸收储备液：吸取 36% ~ 38%的甲醛溶液 5.5 mL，0.05 mol/L 的 CDTA-2Na 溶液 20.00 mL；称取 2.04g 邻苯二甲酸氢钾，溶于少量水中；将三种溶液合并，再用水稀释至 100 mL，储于冰箱可保存 1 年。

（4）甲醛缓冲吸收液；用水将甲醛缓冲吸收储备液稀释 100 倍。临用时现配。

（5）盐酸溶液（1.2 mol/L）：量取 100 mL 浓盐酸，加到 900 mL 水中。

（6）碘储备液，$c(1/2I_2)$=0.10 mol/L：称取 1.27 g 碘于烧杯中，加入 4.0 g 碘化钾和少量水，搅拌至完全溶解，用水稀释至 100 mL，储存于棕色瓶中。

（7）碘溶液，$c(1/2I_2)$=0.010 mol/L：量取碘储备液 10 mL，用水稀释至 100 mL，储于棕色细口瓶。

（8）碘酸钾标准溶液[$c(1/6KIO_3)$=0.10 mol/L]：称取 3.5667 g 碘酸钾溶解于水，移入 1 000 mL 容量瓶中，用水稀释至标线，摇匀。

（9）淀粉溶液（0.5 g/100 mL）：称取 0.5 g 可溶性淀粉，用少量水调成糊状，慢慢倒入 100 mL 沸水中，继续煮沸至溶液澄清，冷却后存于试剂瓶中。

（10）硫代硫酸钠储备溶液（0.1 mol/L）：称取 25.0 g 硫代硫酸钠（$Na_2S_2O_3 \cdot 5H_2O$），溶于 1 000 mL 新煮沸并已冷却的水中，加入 0.2 g 无水碳酸钠，储于棕色细口瓶中，放置一周后备用。如溶液呈现浑浊，必须过滤。

标定方法：吸取三份 0.10 mol/L 的碘酸钾标准溶液 20 mL 分别置 250 mL 碘量瓶中，加入 70 mL 新煮沸并已冷却的水，加入 1 g 碘化钾摇匀至完全溶解后，加入 1.2 mol/L 盐酸 10 mL，立即塞好瓶盖，摇匀于暗处放置 5 min 后，用硫代硫酸钠储备溶液滴定至溶液至呈浅黄色，再加入 2 mL 淀粉溶液，继续滴定至蓝色刚好褪去即为终点。硫代硫酸钠标准溶液的浓度按下式计算：

$$c_1 = \frac{0.100\ 0 \times 20.00}{V}$$

式中 c_1——硫代硫酸钠标准溶液的浓度，mol/L；

V——滴定所消耗硫代硫酸钠标准溶液的体积，mL。

（11）硫代硫酸钠标准溶液（约 0.01 mol/L）：取 50 mL 硫代硫酸钠储备溶液，置于 500 mL 碘量瓶中，用新煮沸并已冷却的水稀释至标线，摇匀。

（12）乙二胺四乙酸二钠盐（EDTA-2Na）溶液，ρ(EDTA-2Na)=0.50 g/L：称取 0.25 g 乙二胺四乙酸二钠盐溶于 500 mL 新煮沸但已冷却的水中。临用时现配。

（13）亚硫酸钠溶液，$\rho(Na_2SO_3)$ =1 g/L：称取 0.2 g 亚硫酸钠，溶于 200 mLEDTA-2Na 溶液中，缓缓摇匀以防充氧，使其溶解。放置 2 ~ 3 h 后标定。此溶液每毫升相当于 320 ~ 400 μg 二氧化硫。

（14）二氧化硫标准储备溶液：立即吸取 2.00 mL 亚硫酸钠溶液加到一个已装有 40 ~ 50 mL 甲醛缓冲吸收储备液 100 mL 容量瓶中，并用甲醛缓冲吸收储备液稀释至标线、摇匀。此溶液在 4 ~ 5 °C 下冷藏，可稳定 6 个月。

标定方法：取 6 个 250 mL 碘量瓶（A_1、A_2、A_3、B_1、B_2、B_3），在 A_1、A_2、A_3 内各加入 25 mL 乙二胺四乙酸二钠盐溶液（0.50 g/L），在 B_1、B_2、B_3 内加入 25.00 mL 亚硫酸钠溶

液（1 g/L），分别加入 50.0 mL 碘溶液（0.010 mol/L）和 1.00 mL 冰乙酸，盖好瓶盖，摇匀。于暗处放置 5 min 后，用硫代硫酸钠溶液（0.01 mol/L）滴定至浅黄色，加 5 mL 淀粉指示剂，继续滴定至蓝色刚刚消失。平行滴定所用硫代硫酸钠溶液的体积之差应不大于 0.05 mL。

二氧化硫标准储备溶液的质量浓度由下式计算：

$$C_{so_2}=\frac{(V_2-V_1)\times c_1\times 32.02\times 1\,000}{25.00}\times\frac{2.00}{100}$$

式中 C_{so_2} ——二氧化硫标准溶液浓度，μg/mL；

V_1 ——空白滴定所耗硫代硫酸钠标准溶液的体积，mL；

V_2 ——二氧化硫滴定所耗硫代硫酸钠标准溶液的体积，mL；

c_1 ——硫代硫酸钠标准溶液的浓度，mol/L；

32.02 ——二氧化硫标准溶液摩尔质量的 1/2。

（15）二氧化硫标准使用液（1 μg/mL）：临用前用甲醛吸收液将二氧化硫标准储备溶液稀释成每毫升含 1.0 μg 二氧化硫的标准溶液。此溶液用于绘制标准曲线，在 4 ~ 5 °C 下冷藏，可稳定 1 个月。

（16）盐酸副玫瑰苯胺（简称 PRA）储备液（2 g/L），称取 0.20 g 经提纯的盐酸副玫瑰苯胺，溶解于 100 mL 1.0 mol/L 的盐酸中。

（17）盐酸副玫瑰苯胺使用液（0.5 g/L）：吸取 2 g/LPRA 储备液 25.00 mL 于 100 mL 容量瓶中，加入质量分数为 85%的浓磷酸 30 mL，浓盐酸 12 mL，用水稀释至标线，摇匀。放置过夜后使用，避光密封保存。

四、实验步骤

（一）短时采样

用一只内装有 10 mL 甲醛缓冲溶液的 U 形多孔玻板吸收管安装于气体采样器上，以 0.5 L/min 流量采样 45 min ~ 60 min。吸收液温度保持在 23 ~ 29 °C。将采样体积换算成标准状况下的采样体积 V_0。

（二）分析

1. 标准曲线的绘制

用 14 支 10 mL 比色管，分成 A、B 两组，各组 7 支，分别对应编号，A 组按表 3-1 制备标准系列。

表 3-1　二氧化硫标准系列

管　号	0	1	2	3	4	5	6
二氧化硫标准使用液/mL	0	0.50	1.00	2.00	5.00	8.00	10.00
甲醛缓冲溶液/mL	10.0	9.50	9.00	8.00	5.00	2.00	0
二氧化硫含量/ μg	0	0.50	1.00	2.00	5.00	8.00	10.00

B 组各管中再加入 1.00 mL PRA 溶液。

A 组各管中分别加入 0.5 mL 氨磺酸钠溶液、1.5 mL 氢氧化钠溶液，充分混匀后，再逐管立即倒入对 B 组各管中，立即盖塞颠倒混匀，放入恒温水浴中显色 5 ~ 20 min。显色温度与室温之差应不超过 3 °C，可根据不同季节的室温选择显色温度和时间，如表 3-2 所示。

表 3-2 显色温度与时间

显色温度/ °C	10	15	20	25	30
显色时间/min	40	25	20	15	5
显色时间/min	35	25	20	15	10

于波长 577 nm 处，用 10 mm 比色皿，以水为参比，测定各管吸光度。

2. 样品测定

采样后，将吸收管中的吸收液移入 10 mL 比色管，用少量甲醛吸收液分两次洗涤吸收管，合并洗液于比色管中并稀释至 10 mL，然后加入 0.50 mL 氨磺酸钠溶液，摇匀并放置 10 min 去除氮氧化物的干扰。将该管与上述各标准系列管同时操作，测得吸光度为 A。

五、实验数据处理

1. 数据记录

表 3-3 实验数据记录表

编号	1	2	3	4	5	6	7	水样	空白
标准液体积/mL	0	0.5	1	2	5	8	10		
二氧化硫含量/μg									
测定吸光度									
校正吸光度									

2. 标准曲线的绘制

以吸光度值为纵坐标，二氧化硫含量（μg）为横坐标，绘制标准曲线，并计算回归直线的斜率 b。以 b 的倒数作为样品测定的计算因子 B_s（μg/吸光度）。

3. 水样的校正吸光度，从标准曲线上查得（或由回归曲线计算）二氧化硫含量（μg），按下式计算：

$$C = \frac{A \times B_s}{V_0}$$

式中 C——空气中二氧化硫的浓度，mg/m^3；

V_0——换算成标准状况下的采样体积，L；

A——样品的校正吸光度；

B_s——计算因子，μg。

六、注意事项

（1）采样时，应注意检查采样系统的气密性、流量、温度并做好采样记录。

（2）短时间采样，应采取加热保温或冷水降温等办法维护吸收液温度为 23 ~ 29 °C，若空气中二氧化硫浓度较低时，可用 5 mL 吸收液采样测定，各试剂用量皆减半。

（3）短时间采样若空气中二氧化硫温度较低，绘制标准曲线时，标准系列体积为 5.00 mL 中二氧化硫为 0、0.50、1.00、2.00、3.00、4.00 及 5.00 μg，显色后总体积为 6.00 mL。

（4）比色管放在恒温水浴中显色时，注意使水浴水面高度超过比色管中溶液液面的高度。测定吸光度时，操作应准确、敏捷，不要超过颜色的稳定时间，以免结果偏低。

（5）显色反应需在酸性溶液中进行，不能把 PRA 溶液直接滴加到 A 管溶液中应使 A 管溶液以较快的速度倒入 PRA 溶液中，并空干 A 管片刻，使混合液瞬间呈酸性，以利显色反应的进行，提高测定精密度。

（6）消除氮氧化物的干扰，不能用氨基磺酸胺代替氨磺酸钠，因为铵离子会与氢氧化钠结合为氢氧化铵（弱碱），不利于分解羟基甲磺酸加成化合物、释放出二氧化硫。

七、思考题

1. 为什么配制亚硫酸钠溶液时亚硫酸钠要先溶解到 0.05 mol/L 的 CDTA-2Na 溶液中？
2. 为什么显色反应时，不能把 PRA 溶液直接滴加到 A 管溶液中？
3. 多孔玻板吸收管的作用是什么？

实验十七 氮氧化物的测定

一氧化氮、二氧化氮等氮氧化物是常见的大气污染物质，能刺激呼吸器官，引起急性和慢性中毒，影响和危害人体健康。氮氧化物中的二氧化氮毒性最大，它比一氧化氮毒性高 4 ~ 5 倍。大气中氮氧化物主要来自汽车废气以及煤和石油燃烧的废气。氮氧化物的含量过高对人体和环境都有着严重的危害。

目前对大气中氮氧化物的监测方法主要有盐酸萘乙二胺分光光度法、离子色谱法等。其中盐酸萘乙二胺分光光度法对测定环境空气中的氮氧化物有很好的适用性，方法操作比较简便，灵敏度较高。

一、实验目的

（1）了解大气污染物的布点采样方法和原理。

（2）掌握大气采样器的构造及工作原理。

（3）掌握盐酸萘乙二胺分光光度法测定大气中 NO_x 浓度的分析原理及可见分光光度计的操作技术。

二、实验原理

空气中的二氧化氮被串联的第一支吸收瓶中的吸收液吸收并反应生成粉红色偶氮染料，因为空气中的一氧化氮不与吸收液反应，但通过氧化管时会被酸性高锰酸钾溶液氧化为二氧化氮，被串联的第二支吸收瓶中的吸收液吸收并反应生成粉红色偶氮染料。生成的偶氮染料在波长 540 nm 处的吸光度与二氧化氮的含量成正比。分别测定第一支和第二支吸收瓶中样品的吸光度，计算两支吸收瓶内二氧化氮和一氧化氮的质量浓度，二者之和即为氮氧化物的质量浓度（以 NO_2 计）。

本法检出限为 0.12 μg/10 mL 吸收液。当吸收液总体积为 10 mL，采样体积为 24 L 时，空气中氮氧化物的检出限为 0.005 mg/m^3。当吸收液总体积为 50 mL，采样体积 288 L 时，空气中氮氧化物的检出限为 0.003 mg/m^3。当吸收液总体积为 10 mL，采样体积为 12 ~ 24 L 时，环境空气中氮氧化物的测定范围为 0.020 ~ 2.5 mg/m^3。

三、实验仪器和试剂

1. 实验仪器

（1）10 mL 多孔玻板吸收管。

（2）空气采样器，流量范围 0 ~ 1 L/min。

（3）氧化瓶。

（4）分光光度计。

2. 试剂

（1）冰乙酸。

（2）盐酸羟胺溶液，ρ=0.2 ~ 0.5 g/L。

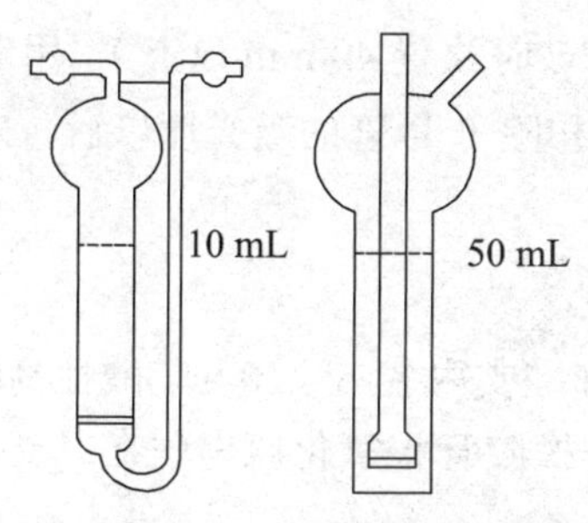

图 3-1　多孔玻板瓶示意图

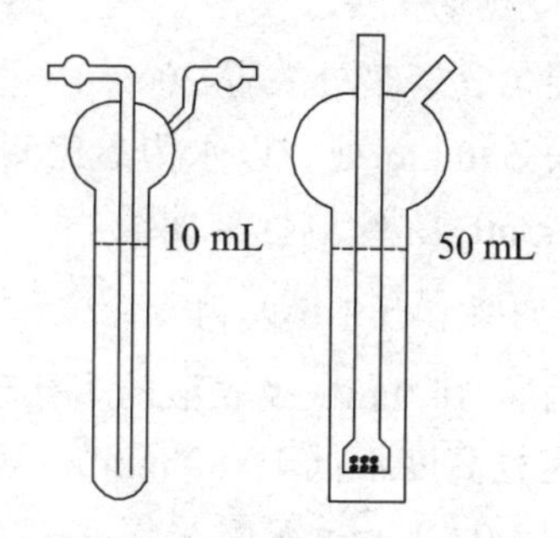

图 3-2　氧化瓶示意图

（3）硫酸溶液，$c(1/2H_2SO_4)$=1 mol/ L：取 15 mL 浓硫酸，徐徐加到 500 mL 水中，搅拌均匀，冷却备用。

（4）酸性高锰酸钾溶液，$\rho(KMnO_4)$=25 g/L：称取 25 g 高锰酸钾于 1 000 mL 烧杯中，加入 500 mL 水，稍微加热使其全部溶解，然后加入 1 mol/L 硫酸溶液 500 mL，搅拌均匀，储于棕色试剂瓶中。

（5）N-（1-萘基）乙二胺盐酸盐储备液：称取 0.50 g N-（1-萘基）乙二胺盐酸盐于 500 mL 容量瓶中，用水溶解稀释至刻度。此溶液储于密闭的棕色瓶中，在冰箱中冷藏，可稳定保存三个月。

（6）显色液：称取 5.0 g 对氨基苯磺酸[$NH_2C_6H_4SO_3H$]溶解于约 200 mL 40 ~ 50 °C 热水中，将溶液冷却至室温，全部移入 1 000 mL 容量瓶中，加入 50 mL N-（1-萘基）乙二胺盐酸盐储备溶液和 50 mL 冰乙酸，用水稀释至刻度。此溶液储于密闭的棕色瓶中，在 25 °C 以下暗处存放可稳定 3 个月。若溶液呈现淡红色，应弃之重配。

（7）吸收液：使用时将显色液和水按 4∶1（体积分数）比例混合，即为吸收液。吸收液的吸光度应小于等于 0.005。

（8）亚硝酸盐标准储备液，$\rho(NO_2^-)$=250 μg/mL：准确称取 0.375 0 g 亚硝酸钠（优级纯，使用前在 105 °C±5 °C 干燥恒重）溶于水，移入 1 000 mL 容量瓶中，用水稀释至标线。此溶液储于密闭棕色瓶中于暗处存放，可稳定保存 3 个月。

（9）亚硝酸盐标准工作液，$\rho(NO_2^-)$=2.5 μg/mL：准确吸取亚硝酸盐标准储备液 1.00 mL 于 100 mL 容量瓶中，用水稀释至标线。临用现配。

二、实验步骤

1. 标准曲线的绘制

取 6 支 10 mL 具塞比色管，按表 3-4 配制标准色列。

表 3-4　亚硝酸钠标准色列

管号	0	1	2	3	4	5
标准工作液/mL	0	0.40	0.80	1.20	1.60	2.00
显色液/mL	8.00	8.00	8.00	8.00	8.00	8.00
水/mL	2.00	1.60	1.20	0.80	0.40	0.00
NO_2^- 质量浓度/(μg/mL)	0	0.10	0.20	0.30	0.40	0.50

将各管混匀，于暗处放置 20 min（室温低于 20 °C 时放置 40 min 以上），用 10 mm 的比色皿，在波长 540 nm 处，以水为参比测量吸光度，扣除 0 号管的吸光度以后，对应 NO_2^- 的质量浓度（μg/mL），绘制标准曲线。

2．短时间采样（1 h 以内）

取两支内装 10.0 mL 吸收液的多孔玻板吸收瓶和一支内装 5 ~ 10 mL 酸性高锰酸钾溶液的氧化瓶（液柱高度不低于 80 mm），用尽量短的硅橡胶管将氧化瓶串联在二支吸收瓶之间（见图 3-3），以 0.4 L/min 流量采气 4 ~ 24 L。

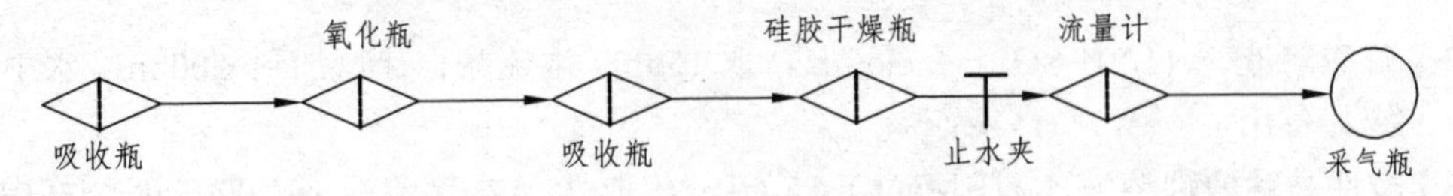

图 3-3　手工采样系列示意图

现场空白：装有吸收液的吸收瓶带到采样现场，与样品在相同的条件下保存，运输，直至送交实验室分析，运输过程中应注意防止沾污。

要求每次采样至少做 2 个现场空白测试。

3. 样品的测定

采样后放置 20 min，室温 20 °C 以下时放置 40 min 以上，用水将采样瓶中吸收液的体积补充至标线，混匀。用 10 mm 比色皿，在波长 540 nm 处，以水为参比测量吸光度，同时测定空白样品的吸光度。

若样品的吸光度超过标准曲线的上限，应用实验室空白试液稀释，再测定其吸光度。但稀释倍数不得大于 6。

4. 空白实验

（1）实验室空白试验：取实验室内未经采样的空白吸收液，用 10 mm 比色皿，在波长 540 nm 处，以水为参比测定吸光度。实验室空白吸光度 A_0 在显色规定条件下波动范围不超过±15%。

（2）现场空白：同实验室空白试验测定吸光度。将现场空白和实验室空白的测量结果相对照，若现场空白与实验室空白相差过大，查找原因，重新采样。

五、实验数据处理

（1）空气中二氧化氮质量浓度按下式计算：

$$\rho_{NO_2}(mg/m^3)=\frac{(A_1-A_0-a)\times V\times D}{V_0\times b\times f}$$

（2）空气中一氧化氮质量浓度（以 NO_2 计）按下式计算：

$$\rho_{NO}(mg/m^3)=\frac{(A_2-A_0-a)\times V\times D}{V_0\times b\times f\times K}$$

一氧化氮质量浓度（以 NO 计）按下式计算：

$$\rho'_{NO}(mg/m^3)=\frac{\rho_{NO}\times 30}{46}$$

氮氧化物质量浓度（以 NO_2 计）按下式计算：

$$\rho_{NO_x}(mg/m^3)=\rho_{NO}+\rho'_{NO}$$

以上各式中：

A_1、A_2——串联的第一支和第二支吸收瓶中样品的吸光度；

A_0——实验室空白的吸光度；

b——标准曲线的斜率，吸光度，mL/ μg；

a——标准曲线的截距；

V——采样用吸收液体积，mL；

V_0——换算为标准状态（101.325 kPa，273 K）下的采样体积，L；

K—— $NO\rightarrow NO_2$ 氧化系数，0.68；

D——样品的稀释倍数；

f——Saltzman 实验系数，0.88（当空气中二氧化氮质量浓度高于 0.72 mg/m^3 时，f 取值 0.77）。

（3）气体体积换算。

在现场采样时，除了记录气体的流量和采样持续的时间外，还必须记录采样现场的温度和大气压力，利用气体流量和采样时间，既可用下式求得现场温度和压力下的采样体积：

$$V_t=Q\times S$$

式中 V_t——现场温度和压力下的采样体积，L；

Q——气体流量，L/min；

S——采样时间，min。

由于气体体积随温度和压力的不同而不同，采样现场的温度和压力各异，利用上式求出的采样体积计算待测物浓度时，即使待测物的浓度相同，也会因现场温度和压力的不同而得出不同的结果。为了统一比较，在我国《环境监测分析方法》中规定用参比状态（温度为 25 °C，大气压力 101.3 kPa）下的气样体积计算待测物的浓度。为此在计算分析结果时，先要利用下式把现场状态下的采气体换算成参比状态下的采气体积。

$$V_{25}=V_t\times\frac{273+25}{273+t}\times\frac{P_A}{101.3}$$

式中 V_{25}——参比状态下的采气体积，L；

V_t——现场状态下的采气体积，L；

t——采样现场的温度，°C；

P_A——采样现场的大气压力，kPa。

六、注意事项

（1）采样前应检查采样系统的气密性，用皂膜流量计进行流量校准。采样流量的相对误差应小于±5%。

（2）采样期间，样品运输和存放过程中应避免阳光照射。气温超过 25 °C 时，长时间（8 h 以上）运输和存放样品应采取降温措施。

（3）采样结束时，为防止溶液倒吸，应在采样泵停止抽气的同时，闭合连接在采样系统中的止水夹。

（4）样品采集后尽快分析。若不能及时测定，将样品于低温暗处存放，样品在 30 °C 暗处存放，可稳定 8 h；在 20 °C 暗处存放，可稳定 24 h；于 0 ~ 4 °C 冷藏，至少可稳定 3 d。

（5）标准曲线斜率控制在 0.960 ~ 0.978 吸光度 · mL/ μg，截距控制在 0.000 ~ 0.005（以 5 mL 体积绘制标准曲线时；标准曲线斜率控制在 0.180 ~ 0.195 吸光度 · mL/μg，截距控制在 ± 0.003）。

（6）吸收液为无色，若呈现微红色，则说明吸收液吸收了空气中的 NO_2 或者水中有。吸收液在使用过程中应避免日光直接照射，日光照射也可使吸收液显色，要求用棕色瓶保存，采样时也尽量使用棕色采样管。用普通采样管时，则须用黑纸或黑布包住。

（7）绘制标准曲线，向各管中加亚硝酸钠标准使用溶液时，都应以均匀、缓慢的速度加入。

七、思考题

1. 采样过程为什么会发生吸收液倒吸现象？怎么处理？
2. 通过实验测定结果，你认为大气中氮氧化物的污染状况如何？

实验十八　甲醛的测定

环境空气中甲醛的主要污染来源是化学及化工,木材加工及制漆等行业排放的废水,废气等。某些有机化合物在环境中降解也产生甲醛，如氯乙烯的降解。随着工业的发展，环境空气中甲醛的污染也越来越严重，对人类健康造成了极大的危害，已成为主要的环境空气污染物之一。

空气中甲醛常用的测量方法有酚试剂分光光度法、乙酰丙酮分光光度法和气相色谱法、电化学法和传感器法等。其中酚试剂分光光度法具有显色快，灵敏度高，检测结果准确等优点，是环境空气中检测甲醛的主要方法之一。

一、实验目的

（1）掌握大气中甲醛的测定原理和分析方法。

（2）了解大气采样器和分光光度计的原理和使用方法。

（3）大气采样和保存方法。

二、实验原理

空气中的甲醛与酚试剂[盐酸-3-甲基-苯并噻唑胺，$C_6H_4SN(CH_3)C=NNH_2 \cdot HC_1$，简称MBTH反应生成嗪，嗪在酸性溶液中被高铁离子氧化成蓝绿色化合物，根据颜色深浅，在630 mm处比色定量。

三、实验仪器与试剂

1. 仪器

（1）气泡吸收管：10 mL。

（2）大气采样仪：流量为 0 ~ 1 L/min。

（3）10 mL具塞比色管。

（4）分光光度计。

2. 试剂

本法中所用水均为重蒸馏水或去离子交换水，所用试剂纯度均为分析纯。

（1）吸收原液(0.001 g/mL)：称量 0.050 g 酚试剂（MBTH），用水溶解后稀释至 50 mL（储于冰箱中可稳定三天）。

（2）吸收液(0.000 05 g/mL)：量取 5 mL 吸收原液，用水稀释至 100 mL（采样时，临用现配）。

（3）1%硫酸铁铵溶液：称量 1.0 g 硫酸铁铵，用 0.1 mol/L 盐酸溶解后稀释至 100 mL。

（4）碘溶液($C(1/2I_2)$=0.1 000 mol/L)：准确称量 30 g 碘化钾，溶于 25 mL 水中，加 12.7 g 碘，用水溶解后稀释至 1 000 mL（移入棕色瓶中，暗处储存）。

（5）氢氧化钠溶液(40 g/L)：称量 40 g 氢氧化钠，用水溶解后稀释至 1 000 mL。

（6）盐酸溶液（1+5）：量取浓盐酸 20 mL，缓慢加入 100 mL 水中，冷却后储存备用。

（7）淀粉溶液（5 g/L）：称量 0.5 g 可溶性淀粉，用少量水调成糊状后，加入 100 mL 沸水，并煮沸 2～3 min 至溶液透明(标定时，临用现配)。

（8）重铬酸钾标准溶液(0.1 mol/L)：准确称量 4.903 2 g 经 105 °C 烘干 2 h 的碘酸钾，溶于水，移入 1 000 mL 的容量瓶中，并定容。

（9）硫代硫酸钠标准溶液（0.1 mol/L）：称取 25 g 硫代硫酸钠，溶于 1 000 mL 新煮沸的并放冷的水中，同时加入 0.2 g 无水碳酸钠，储存于棕色瓶内，放置一周后，再标定其准确浓度。

标定方法：在 250 mL 碘量瓶中加入 25 mL 蒸馏水、0.5 g 碘化钾、10 mL 0.1 mol/L 重铬酸钾溶液和 5 mL（1+5）硫酸，摇匀，加塞后置于暗处 5 min，用待标定的硫代硫酸钠溶液滴定至浅黄色，然后加入 5g/L 淀粉溶液 1.0 mL，继续滴定至蓝色刚好变为淡绿色为止，记录用量，并用下式计算其浓度。平行做 3 份，取平均值。

$$c_1 = \frac{c_2 \times 10}{V_1}$$

式中 c_1 ——标定后硫代硫酸钠溶液的浓度，mol/L；

c_2 ——重铬酸钾标准溶液的浓度，mol/L；

V_1 ——消耗的硫代硫酸钠溶液的体积，mL。

（10）甲醛标准储备溶液(1 mg/mL)：量取 10 mL 含量为 36%～38%甲醛溶液，用水稀释至 500 mL，用碘量法标定甲醛溶液质量浓度。

标定方法：精确量取 5 mL 待标定的甲醛标准储备溶液，置于 250 mL 碘量瓶中。加入 20 mL 碘溶液(0.1 00 0 mol/L)并立即逐滴加入 40 g/L 的氢氧化钠溶液，至颜色变为淡黄色，放 10 min 至透明。再用 5.0 mL 盐酸溶液（0.1mol/L）酸化（空白滴定时需多加 2 mL），置暗处放 10 min，加入 100～150 mL 水，用 0.1 mol/L 硫代硫酸钠标准溶液滴定至淡黄色，加入 1.0 mL 新配制的 5g/L 淀粉指示剂，继续滴定至蓝色刚刚褪去。

同时取 5.00 mL 水，同上法进行空白滴定。

按下式计算甲醛溶液质量浓度：

$$\rho(\text{甲醛, mg/mL}) = \frac{(V_0 - V) \times c_{Na_2S_2O_3} \times 15.0}{5.00}$$

式中 V_0 ——试剂空白消耗硫代硫酸钠溶液的体积，mL；

V ——甲醛标准储备溶液消耗硫代硫酸钠溶液的体积，mL；

$c_{Na_2S_2O_3}$ ——硫代硫酸钠标准溶液的摩尔浓度，mol/L；

15.0 ——甲醛的摩尔质量，g/mol；

5.00 ——标定时吸取甲醛溶液的体积，mL。

（11）甲醛标准溶液（1 μg/mL，分析时，临用现配）：临用时将甲醛标准储备液用水稀释成每毫升含 10.0 μg 的甲醛溶液，再精确量取此溶液 10.00 mL，加 5 mL 吸收原液，用水稀释至 100 mL（放置 30 min 后，用于配制标准色列管，此溶液可稳定 24 h）。

四、实验步骤

1. 采样

用一个内装 5 mL 吸收液的大型气泡吸收管，以 0.5 L/min 流量采气 10 L(20 min)，并记录采样点的温度(t，℃)和气压(p，kPa)。采样后的样品在室温下应 24 h 内分析。

2. 标准曲线的测定

取 10 mL 具塞比色管，用甲醛标准溶液按表 3-5 配制标准系列。

表 3-5 甲醛标准系列

管号	0	1	2	3	4	5	6	7	8
标准溶液/mL	0	0.10	0.2	0.4	0.60	0.80	1.00	1.50	2.00
吸收原液/mL	5.0	4.9	4.8	4.6	4.4	4.2	4.0	3.5	3.0
甲醛含量/ug	0	0.1	0.2	0.4	0.6	0.8	1.0	1.5	2.0

各管中，加入 0.4 mL 1%硫酸铁铵溶液，摇匀。放置 15 min。用 1 cm 比色皿，在波长 630 nm 处，以水作为参比，测定各管溶液的吸光度。

3. 样品测定

采样后，将样品溶液全部转入比色管中，用少量吸收液洗吸收管，合并使总体积为 5 mL。按绘制标准曲线的操作步骤测定吸光度，在每批样品测定的同时，用 5 mL 未采样的吸收液作试剂空白，测定试剂空白的吸光度。

四、实验数据处理

1. 数据记录

表 3-6 实验数据记录表

编号	1	2	3	4	5	6	7	8	水样	空白
标准液体积/mL	0	0.10	0.2	0.4	0.60	0.80	1.00	1.50		
甲醛含量/μg										
测定吸光度										
校正吸光度										

2. 标准曲线的绘制

以甲醛含量（μg）为横坐标，校正吸光度为纵坐标绘制标准线，并写出回归方程。以斜率倒数作为样品测定的计算因子 B_g(μg/吸光度)

3. 甲醛浓度的计算

（1）将采样体积按式下式换算成标准状态下的采样体积：

$$V_0 = \frac{V_T \times [T_0/(273+t)] \times P}{P_0}$$

式中 V_0——标准状态下的采样体积，L；

V_t——采样体积，为采样流量与采样时间的乘积；

t——采样点的气温，℃；

T_0——标准状态下的绝对温度，273 K；

P——采样点的大气压力，kPa。

P_0——标准状态下的大气压，101 kPa。

（2）空气中甲醛浓度按下式计算：

$$C=\frac{(A-A_0)\times B_g}{V_0}$$

式中 C——空气中甲醛的浓度，mg/m^3；

A——样品溶液的吸光度；

A_0——试剂空白的吸光度；

B_g——计算因子，标准曲线斜率的倒数，μg/吸光度；

V_0——换算成标准状态下的采样体积，L。

六、注意事项

（1）二氧化硫共存时，会使结果偏低。为排除干扰，可以在采样时，使气体通过装有硫酸锰滤纸的过滤器，可排除干扰。

（2）酚试剂缩合形成嗪，适宜 pH 3 ~ 7，当 pH 4 ~ 5 最好。

（3）标定甲醛时，在摇动下逐滴加入 4% 氢氧化钠溶液，至颜色明显减褪，再摇片刻，待褪成淡黄色，放置应褪至无色。若碱加入量过多，则 5 mL 盐酸溶液（0.1 mol/L）不足以使溶液酸化。

（4）室温低于 15 °C 时反应慢，显色不完全。25 ~ 35 °C 时 15 min 显色达最完全，放置时间 4 h 稳定不变。

（5）绘制标准曲线时与样品测定时温差不超过 2 °C。

七、思考题

1. 标定甲醛时，应怎样加入氢氧化钠溶液？
2. 甲醛检测国家规定的标准分析方法是什么？

实验十九　总悬浮颗粒物的测定

悬浮颗粒物是指悬浮在空气中，空气动力学当量直径≤100 μm 的颗粒物。对人体的危害程度主要决定于自身的粒度大小及化学组成。空气中的大颗粒粉尘被人的鼻腔阻拦，小颗粒粉尘可能随气流进入气管和肺部，总悬浮颗粒物（TSP）是大气质量评价中的一个通用的重要染指标。它主要来源于燃料燃烧时产生的烟尘、生产加工过程中产生的粉尘、建筑和交通扬尘、风沙扬尘以及气态污染物经过复杂物理化学反应在空气中生成的相应的盐类颗粒。

目前测定空气中 TSP 含量广泛采用重量法。

一、实验目的

（1）学习和掌握重量法测定大气中总悬浮颗粒物（TSP）的方法。

（2）掌握中流量 TSP 采样器基本技术及采样方法。

（3）了解滤料的准备及数据处理过程。

二、实验原理

目前测定空气中 TSP 含量广泛采用的是重量法，其原理基于：以恒速抽取定量体积的空气，使之通过采样器中已恒重的滤膜，则 TSP 被截留在滤膜上，根据采样前后滤膜重量之差及采气体积计算 TSP 的浓度。该方法分为大流量采样器法和中流量采样器法。本实验采用中流量采样器法。

三、实验仪器和试剂

（1）中流量采样器。

（2）中流量孔口流量计：量程 70 ~ 160 L/min。

（3）U 型管压差计：最小刻度 0.1 kPa。

（4）X 光看片机：用于检查滤膜有无缺损。

（5）分析天平：称量范围≥10 g，感量 0.1 mg。

（6）恒温恒湿箱：箱内空气温度 15 ~ 30 °C 可调，控温精度±1 °C；箱内空气相对湿度控制在(50±5)%。

（7）玻璃纤维滤膜。

（8）镊子、滤膜袋（或盒）。

四、实验步骤

（1）用孔口流量计校正采样器的流量。

（2）滤膜准备：首先用 X 光看片机检查滤膜是否有针孔或其他缺陷，然后放在恒温恒湿箱中于 15 ~ 30 °C 任一点平衡 24 h，并在此平衡条件下称重（精确到 0.1 mg），记下平衡温度和滤膜重量，将其平放在滤膜袋或盒内。

（3）采样：取出称过的滤膜平放在采样器采样头内的滤膜支持网上（绒面向上），用滤膜夹夹紧。以 100 L/min 流量采样 1 小时，记录采样流量和现场的温度及大气压。用镊子轻轻取出滤膜，绒面向里对折，放入滤膜袋内。

五、实验数据处理

1. 称量和计算

将采样滤膜在与空白滤膜相同的平衡条件下平衡 24 h 后，用分析天平称量（精确到 0.1 mg），记下重量（增量不应小于 10 mg），记录于表 3-7 中。

表 3-7　实验数据记录表

采样地点	采样日期	采样时间 h/min	采样温度	采样气压 /kPa	滤膜编号	现场采样流量 L/min	现场采样体积/L	标准采样体积/L	滤膜重量/g			TSP 浓度 /(mg/m³)
									采样前	采样后	样品重量	

2. 按下式计算 TSP 含量

$$\mathrm{TSP(mg/m^3)} = \frac{W_1 - W_0}{Q \cdot t}$$

式中　W_1——采样后的滤膜重量，mg；

W_0——空白滤膜的重量，mg；

Q——采样器平均采样流量，L/min；

t——采样时间，min。

3. 根据 TSP 的实测日均浓度、污染指数分级浓度限值及污染指数计算式，计算染物的污染分指数，确定校区空气污染指数（API）、空气质量类别及空气质量状况。

4. 分析布点、采样和污染物测定过程中可能影响监测结果代表性和准确性的因素。

六、注意事项

（1）由于采样器流量计上表观流量与实际流量随温度、压力的不同而变化，所以采样流量计必须校正后使用。

（2）要经常检查采样头是否漏气。当滤膜上颗粒物与四周白边之间的界线模糊，表明板面密封垫没有垫好或密封性能不好，应更换面板密封垫，否则测定结果将会偏低。

（3）抽气动力和排气口应放在滤膜采样夹的下风口，必要时将排气口垫高，以避免排气将地面尘土扬起。

（4）取采样后的滤膜时应注意滤膜是否出现物理性损伤及采样过程中是否有穿孔漏气现象，若发现有损伤、穿孔漏气现象，应作废，重新取样。

（5）称量不带衬纸的过氯乙烯滤膜时，在取放滤膜时，用金属镊子触一下天平盘，以清除静电的影响。

（6）采样高度应高地面 3 ~ 5 m。

七、思考题

1. 滤膜在恒量称重时应注意哪些问题？

2. 在采集大气颗粒物如 TSP 时，为什么要准确控制采样流量？

3. 参照国家环境影响评价技术导则与标准，分析各功能区 TSP 达标情况，并说明超标原因。

实验二十　可吸入颗粒物和细颗粒物的测定

细颗粒物（$PM_{2.5}$）指环境空气中空气动力学当量直径≤2.5 μm 的颗粒物，主要来自火力发电、工业生产、汽车尾气排放等燃烧后的残留物。其粒径小，富含有毒有害物质，因而对人体健康和大气环境质量影响极大。可吸入颗粒物（PM_{10}）则指环境空气中空气动力学当量直径≤10 μm 的颗粒物，大部分来自扬尘，能够被鼻毛吸留，可通过咳嗽排出人体。

慢性呼吸道炎症、肺气肿、肺癌的发病与空气颗粒物的污染程度明显相关，当长年接触颗粒物浓度高于 0.2 mg/m^3 的空气时，其呼吸系统病症增加。

目前测定空气中 PM_{10} 和 $PM_{2.5}$ 含量广泛采用重量法。

一、实验目的

（1）掌握测定空气中可吸入颗粒物（PM_{10} 和 $PM_{2.5}$）的采样和监测方法。

（2）学习重量法在大气环境监测中的应用。

（3）重点掌握滤膜的称量、采样器参数的设定与读取。

二、实验原理

分别通过具有一定切割特性的采样器，以恒速抽取定量体积空气，使环境空气中 PM2.5 和 PM10 被截留在已知质量的滤膜上，根据采样前后滤膜的重量差和采样体积，计算出 PM2.5 和 PM10 浓度。

三、实验仪器与试剂

（1）PM_{10} 和 $PM_{2.5}$ 采样器。

（2）滤膜：根据样品采集目的可选用玻璃纤维滤膜、石英滤膜等无机滤膜或聚氯乙烯、聚丙烯、混合纤维素等有机滤膜。滤膜对 0.3 μm 标准粒子的截留效率不低于 99%。空白滤膜放入恒温恒湿箱（室）进行平衡处理至恒重，称量后，放入干燥器中备用。

（3）分析天平：感量 0.1 mg 或 0.01mg。

（4）恒温恒湿箱（室）：箱（室）内空气温度在（15 ~ 30）°C 范围内可调，控温精度±1°C。箱（室）内空气相对湿度应控制在（50±5）%。恒温恒湿箱（室）可连续工作。

（5）干燥器：内盛变色硅胶。

四、实验步骤

1. 样品采集

（1）采样时，采样器入口距地面高度不得低于 1.5 m。采样不宜在风速大于 8 m/s 等天气条件下进行。采样点应避开污染源及障碍物。如果测定交通枢纽处 PM_{10} 和 $PM_{2.5}$，采样点应布置在距人行道边缘外侧 1 m 处。

（2）采用间断采样方式测定日平均浓度时，其次数不应少于 4 次，累积采样时间不应少于 18 h。

（3）采样时，将已称重的滤膜用镊子放入洁净采样夹内的滤网上，滤膜毛面应朝进气方向。将滤膜牢固压紧至不漏气。如果测定任何一次浓度，每次需更换滤膜；如测日平均浓度，样品可采集在一张滤膜上。采样结束后，用镊子取出。将有尘面两次对折，放入样品盒或纸袋，并做好采样记录。

（5）采样后滤膜样品称量。

滤膜采集后，如不能立即称重，应在 4 °C 条件下冷藏保存。

2. 分析步骤

将滤膜放在恒温恒湿箱（室）中平衡 24 h，平衡条件为：温度取 15 ~ 30 °C 中任何一点，相对湿度控制在 45% ~ 55%，记录平衡温度与湿度。在上述平衡条件下，用感量为 0.1 mg 或 0.01 mg 的分析天平称量滤膜，记录滤膜重量。同一滤膜在恒温恒湿箱（室）中相同条件下再平衡 1 h 后称重。对于 PM_{10} 和 $PM_{2.5}$ 颗粒物样品滤膜，两次重量之差分别小于 0.4 mg 或 0.04 mg 为满足恒重要求。

五、实验数据处理

1. 称量和计算

将采样滤膜在与空白滤膜相同的平衡条件下平衡 24 h 后，用分析天平称量（精确到 0.1 mg），记下重量（增量不应小于 10 mg），记录于表 3-8。

表 3-8　实验数据记录表

采样日期	采样时间 h/min	采样温度	采样气压 /kPa	滤膜编号	现场采样流量 L/min	现场采样体积/L	标准采样体积/L	滤膜重量/g			$PM_{2.5}$ 浓度 /(mg/m³)
								采样前	采样后	样品重量	
采样日期	采样时间 h/min	采样温度	采样气压 /kPa	滤膜编号	现场采样流量 /(L/min)	现场采样体积/L	标准采样体积/L	滤膜重量/g			PM10 浓度 /(mg/m³)
								采样前	采样后	样品重量	

2. $PM_{2.5}$ 和 PM_{10} 浓度计算式

$$\rho=\frac{W_1-W_2}{V}\times 1\,000$$

式中　ρ——PM_{10} 或 $PM_{2.5}$ 浓度，mg/m^3；

W_2——采样后滤膜的重量，g；

W_1——空白滤膜的重量，g；

V——已换算成标准状态（101.325 kPa，273 K）下的采样体积，m^3。

六、注意事项

（1）由于采样器流量计上表观流量与实际流量随温度、压力的不同而变化，所以采样流量计必须校正后使用。

（2）要经常检查采样头是否漏气。当滤膜上颗粒物与四周白边之间的界线模糊，表明板面密封垫没有垫好或密封性能不好，应更换面板密封垫，否则测定结果将会偏低。

（3）抽气动力和排气口应放在滤膜采样夹的下风口，必要时将排气口垫高，以避免排气将地面尘土扬起。

（4）取采样后的滤膜时应注意滤膜是否出现物理性损伤及采样过程中是否有穿孔漏气现象，若发现有损伤、穿孔漏气现象，应作废，重新取样。

（5）称量不带衬纸的过氯乙烯滤膜时，在取放滤膜时，用金属镊子触一下天平盘，以清除静电的影响。

（6）采样高度应高于地面 3 ~ 5 m。

七、思考题

1. 试分析 $PM_{2.5}$ 和 PM_{10} 的区别。

2. 试根据测定结果分析所测点 $PM_{2.5}$ 和 PM_{10} 是否超标，并分析原因。

第四章　土壤及生物污染监测

实验二十一　土壤中氟的测定

氟是人体必需的微量元素之一。人体缺氟易患龋齿病，而氟含过高易患斑齿病、氟骨病，这一现象早已引起了世界各国的普遍关注。

土壤中氟可分为水溶性氟、速效性氟和进行难溶性氟，要通过不同的前处理分别测定。用离子选择电极法可对各种形态的氟进行快速测定。

一、实验目的

（1）掌握离子选择电极法的工作原理以及离子活度计的使用方法。

（2）掌握土壤、水中氟化物的测定原理、方法以及结果的计算。

二、实验原理

氟离子选择电极的传感膜为氟化镧晶体，氟化镧单晶对氟离子具有选择性，被电极膜分开的两种不同浓度氟溶液之间存在电位差（膜电位）。氟电极与饱和甘汞电极组成一对电化学电池，电池电动势和溶液中氟离子活度的对数呈直线关系。测定时加入 TISAB 溶液，以控制离子强度，同时消除干扰阳离子干扰、控制 pH。本方法有很宽的浓度适应范围，最适宜的 F^-为 0.2 ~ 20 mg/L。

三、实验仪器和试剂

1. 仪器

（1）氟离子选择电极。

（2）饱和甘汞电极。

（3）离子活度计。

2. 试剂

（1）氟标准储备液：准确称取基准氟化钠（NaF，105 ~ 110 °C 烘干 2 h）0.2210 g，加水溶解后移入 1 000 mL 容量瓶中，用水稀释至标线，摇匀。储在聚乙烯瓶中，此溶液含氟 100 μg/mL。

（2）氟标准使用溶液：用五分度吸管吸取氟标准储备液 10.00 mL，注入 100 mL 容量瓶中，加水稀释至标线，摇匀。此溶液含氟 10.0 μg/mL。

（3）离子强度缓冲溶液（TISAB）。

① 1 mol/L 柠檬酸钠(TISABI)：称取 294 g 二水合柠檬酸钠，于 1 000 mL 烧杯中，加入约 900 mL 水溶解，用盐酸调节 pH 至 6.0 ~ 7.0，转入 1 000 mL 容量瓶中，稀释至标线，摇匀。

② 1 mol/L 六次甲基四胺-1 mol/L-硝酸钾-0.15 mol/L 钛铁试剂(TISAB Ⅱ)：称取 142 g 六次甲基四胺[$(CH_2)_6N_4$]和 85 g 硝酸钾(KNO_3)，49.9 g 钛铁试剂($C_6H_4Na_2O_8S_2 \cdot H_2O$)，加水溶解，调节 pH 至 6.0、7.0，转入 1 000 mL 容量瓶中，稀释至标线，摇匀。

（4）1+1 盐酸。

（5）氢氧化钠。

（6）溴甲酚紫指示剂：称取 0.10 g 溴甲酚紫，溶于 9.25 mL 0.2 mol/L 氢氧化钠中，用水稀释至 250 mL。

（7）土壤样品。将采得的土壤经风干，研细过筛（100 目）后装瓶备用。

注：所用试剂均为分析纯，均用不含氟的去离子水配制。

四、实验步骤

1. 氟离子选择电极的活化和清洗

氟电极在每次使用前应在去离子水中浸泡过夜，使其电位值达到 300 mV 以上，然后在低浓度氟化钠溶液中适应 15 ~ 20 min，再用去离子水充分洗涤后进行正式测定。氟电极连续使用的间隙可浸在去离子水中，若长期不用，应风干后保存。

2. 测定标准系列的氟电位

分别取 10 μg/mL 氟标准溶液 0.50、1.00、2.00、5.00、10.00 mL 于 50 mL 比色管中，各加纯水至 10 mL，分别准确加入加 10 mL1 mol/L 盐酸，20mL TISAB，振荡使混合均匀。将试液倒入塑料杯中，放一搅拌子，插入氟电极和甘汞电极，从空白溶液开始由低到高浓度顺序测定，然后读数。

3. 土壤样品的测定

取 2 只 50 mL 比色管各称取土壤样品 3 ~ 5 g，精确到 0.1 mg。加 10 mL1 mol/L 盐酸，密闭浸泡提取 0.5 h，不断摇动试管，并尽量避免让样品粘于瓶壁上。提取后，加 10 mL 蒸馏水。准确加入 20 mL TISAB，摇匀。将样品溶液转入 50mL 塑料烧杯中，插入氟离子电极和甘汞电极，不断搅拌下读取平衡电位值。

五、实验数据处理

1. 数据记录

表 4-1　实验数据记录表

编号	1	2	3	4	5	样品 1	样品 2
标准溶液体积/mL	0.5	1	2	5	10		
氟离子质量 C_F/μg	5	10	20	50	100		
电位值 E/mV							

2. 标准曲线的绘制

以氟离子质量的对数 $\lg C_F$ 为横坐标，测得的电位值 E 为纵坐标绘制标准曲线，并写出回归方程。

3. 计算样品中氟的含量（mg/kg）

$$M(\text{mg/kg}) = \frac{M}{W}$$

式中　M——从标准曲线上查得氟含量，μg；

W——试样质量，g。

六、注意事项

（1）氟离子浓度较低（低于 0.1 μg/mL）时，响应时间较长。

（2）测定样品时室内的温度应与绘制标准曲线时的温度接近，两者的温差超过 5 °C，应重作标准曲线。

（3）塑料及玻璃仪器在使用前需用水淋洗。

七、思考题

1. 加入总离子强度缓冲液的作用是什么？
2. 土壤氟离子测定会受哪些离子干扰？

实验二十二　土壤中铜、锌、镉的测定

土壤作为环境的主要组成部分，是人类赖以生存发展的生产资料。但是由于采矿、冶炼、化工、电镀、电子和制革等工业活动产生的含重金属废弃物进入土壤，以及污灌、垃圾、粉煤灰和城市污泥的不合理使用引起了严重的土壤重金属污染。这些重金属最终将通过食物链危害人类的健康。

土壤中铜、锌、镉的测定常用的分析方法有原子吸收分光光度法。

一、实验目的

（1）掌握原子吸收分光光度法原理及测定铜、锌、镉的技术。

（2）预习第四章固体废物监测中有关金属测定的有关内容。

二、实验原理

采用盐酸-硝酸-高氯酸全分解的方法，彻底破坏土壤的矿物晶格，使试样中的待测元素全部进入试液中。然后，将土壤消解液喷入空气-乙炔火焰中。在火焰的高温下，铜、锌、镉化合物离解为基态原子，该基态原子蒸汽对相应的空心阴极灯发生的特征谱线产生选择性吸收。在选择的最佳测定条件下，测定铜、锌、镉的吸光度。根据朗伯比尔定律定量测定土壤中铜、锌和镉元素的含量。

三、实验仪器与试剂

1. 仪器

（1）容量瓶、移液管、玻璃棒。

（2）聚四氟乙烯坩埚。

（3）电热板。

（4）原子吸收分光光度计。

（5）铜-空心阴极灯、锌-空心阴极灯 、镉-空心阴极灯 。

2. 试剂

（1）盐酸，优级纯。

（2）硝酸，优级纯。

（3）去离子水。

（4）氢氟酸，ρ=1.49 g/mL。

（5）高氯酸，ρ=1.68 g/mL。

（6）2%（v/v）硝酸溶液：移取 20 mL 浓硝酸（优级纯）于 980 mL 去离子水中。

（7）锌标准使用液：准确称取 0.100 0 g 金属锌粉（99.9%），用 20 mL 盐酸（1∶1）溶解，移入 1 000 mL 容量瓶中，用去离子水稀释至标线，此溶液含锌量为 100 mg/L。

（8）铜标准使用液：准确称取 0.100 0 g 金属铜粉（99.8%），用 15 mL 硝酸（1∶1）溶解，移入 1 000 mL 容量瓶中，用去离子水稀释至标线，此溶液含锌量为 100 mg/L。

（9）镉标准储备液：准确称取 0.500 g 金属镉粉（99.8%），用 25 mL 硝酸（1：5）微热溶解，移入 500 mL 容量瓶中，用去离子水稀释至标线，此溶液含锌量为 1 000 mg/L。

（10）镉标准使用液：吸取 10.00 mL 镉标准储备液于 100 mL 容量瓶中，用水稀释至标线，摇匀备用。吸取 5.00 mL 稀释后的溶液于另一 100 mL 容量瓶中，用水稀释至标线，即得 5.00 μg/L 的 镉标准使用液。

四、实验步骤

1. 土壤样品的处理

将采集的土壤样品（一般不少于 500 g）倒在塑料薄膜上，晒至半干状态，将土块压碎，除去残根、杂物，铺成薄层，经常翻动，在阴凉处使其慢慢风干。然后用有机玻璃棒或木棒将风干土样碾碎，过 2 mm 尼龙筛，去掉 2 mm 以上的砂砾和植物残体。将上述风干细土反复按四分法弃取，最后约留下 100 g 土样，进一步用研钵磨细，通过 100 目尼龙筛，装于瓶中（注意在制备过程中不要被沾污）。取 20 ~ 30 g 土样，在 105 °C 下烘 4 ~ 5 h，恒重。

2. 土样的消解

准确称取 约 0.5 g（精确至 0.000 2 g）3 份不同试样于 3 个 50 mL 聚四氟乙烯坩埚中，用水润湿后分别加入 10 mL 浓盐酸，于通风橱内的电热板上低温加热，使样品初步分解，待蒸发至约剩 3 mL 左右时，取下稍冷，然后加入 5 mL 浓硝酸，5 mL 氢氟酸，3 mL 高氯酸，加盖后于电热板上中温加热。1 h 后，开盖，继续加热除硅，为了达到良好的除硅效果，应经常摇动坩埚，当加热至冒浓厚白烟时，加盖，使黑色有机碳化合物分解。待坩埚壁上的黑色有机物消失后，开盖赶高氯酸白烟并蒸至内容物呈粘稠状。视消解情况可再加入 3 mL 浓硝酸，3 mL 氢氟酸，1 mL 高氯酸，重复上述消解过程。当白烟再次基本冒尽且坩埚内容物呈粘稠状时，取下稍冷，用水冲洗坩埚盖和内壁，并加入 1 mL 2%硝酸溶液温热溶解残渣。然后将溶液转移至 25 mL 容量瓶中，冷却后用 2% 硝酸定容至标线，摇匀，待测。

由于土壤种类较多，所以有机质差异较大，在消解时，要注意观察，各种酸的用量可视消解情况酌情增减。土壤消解液应呈白色或淡黄色（含铁量高的土壤），没有明显的沉积物存在。

注意：电热板温度不宜太高，否则会使聚四氟乙烯坩埚变形。

3. 测定步骤

（1）仪器操作条件的设置。

仪器设置参数见表 4-2。

表 4-2　仪器参数设置表

元素	Cu	Zn	Cd
测定波长/nm	324.8	213.8	228.8
通带宽度/nm	1.3	1.3	1.3
灯电流/mA	7.5	7.5	
火焰性质	氧化性	氧化性	氧化性

（2）绘制工作曲线。

绘制铜、锌标准曲线，铜、锌取 6 个 25 mL 的容量瓶，并加入 5 滴盐酸（1∶1），依次按表 4-3 对应的 Cu 标准液和 Zn 标准液体积取样后用去离子水稀释至标线，摇匀后分别在相应的波长下测定吸光度，并绘制标准曲线。

绘制镉标准曲线,取 6 个 25 mL 的容量瓶,依次按表 4-3 对应的 Cd 标准液取样后用 0.2%的硝酸定容，摇匀后分别在相应的波长下测定吸光度，并绘制标准曲线。

表 4-3　标准曲线绘制取样表

编号	1	2	3	4	5	6
Cu 标准液体积/mL	0	0.10	0.20	0.30	0.40	0.50
Cu 标准液浓度/$mg \cdot L^{-1}$	0	0.40	0.80	1.20	1.60	2.00
Zn 标准液体积/mL	0	0.10	0.20	0.40	0.60	0.80
Zn 标准液浓度/$mg \cdot L^{-1}$	0	0.40	0.80	1.20	1.60	2.40
Cd 标准液体积/mL	0	0.25	0.50	1.00	1.50	2.0
Cd 标准液浓度/ $\mu g \cdot mL^{-1}$	0	0.05	0.10	0.20	0.30	0.40

（3）将消解液在与标准系列相同的条件下，直接喷入空气-乙炔火焰中，测定吸收值。

五、实验数据处理

1. 数据记录

表 4-4　实验数据记录表

编号	1	2	3	4	5	6	水样	空白
标准液体积/mL								
Zn/Cu/Cd 含量/μg								
测定吸光度								
校正吸光度								

2. 标准曲线的绘制

以 Zn/Cu/Cd 含量（μg）为横坐标，校正吸光度为纵坐标绘制标准线，并写出回归方程。

3. Zn/Cu/Cd 浓度的计算

从 Zn/Cu/Cd 标准曲线上查得 Zn/Cu/Cd 相应含量，代入下式分别计算土壤中 Zn/Cu/Cd 的质量浓度。

$$M(\text{mg/kg}) = \frac{M}{W}$$

式中　M——从标准曲线上查得 Zn/Cu/Cd 相应浓度含量，μg；

　　　W——试样质量，g。

六、注意事项

（1）电热板消解过程中，室内质控非常重要，实验室需无尘，所用的器皿和试剂以及去离子水均不能含痕量金属例子。在实验之前，先用稀硝酸浸泡所有器皿 12 h 以上。此外，加酸过程中乳胶手套、护手霜均会影响测定结果。

（2）由于消解时使用氢氟酸，故不能使用玻璃制品，如移液管、烧杯、表面皿等，否则将严重影响测定结果。

（3）消解完后的消解液必须赶酸，否则将导致测定结果明显偏低。且在赶酸时，不可将试样蒸至干透（应为近干），因为此时 Fe 盐可能因脱水生成难溶的氧化物而包夹待测金属，使结果偏低。

（4）高氯酸具有氧化性，应待土壤里大部分有机质消化完反应物，冷却后再加入，或者在常温下，有大量硝酸存在下加入，否则会使杯中样品溅出或爆炸，使用时务必小心。

（5）若高氯酸氧化作用进行过快，有爆炸可能时，应迅速冷却或用冷水稀释，即可停止高氯酸氧化作用。

七、思考题

1. 原子吸收分光光度分析为何要用待测元素的空心阴极灯做光源？能否用氢灯或钨灯代替，为什么？

2. 火焰原子吸收光度法主要用哪些方法消除化学干扰？

实验二十三　水中总大肠杆菌的测定

大肠杆菌是人和动物肠道中的常居菌，常随人及动物粪便一块排出，广泛传播于自然环境中，对水源造成污染。在卫生质量的评价和控制中，通常采用大肠杆菌作为指示菌来了解水体的受污染状况，从而评价其质量以保证卫生安全。

总大肠肠菌群系指一群在 37 °C、24 h 能发酵乳糖，产酸、产气，需氧和兼性厌氧的革兰氏阴性无芽胞杆菌，以每升水样中含有的大肠菌群的数目表示。总大肠菌群的检测方法有多管发酵法和滤膜法，滤膜法操作简单，快速，但不适用于浑浊水样。多管发酵法虽操作较繁琐，费时间，但适用于各种水样（包括底泥）。本实验主要介绍多管发酵法。

一、实验目的

（1）学习测定水中大肠菌群数量的多管发酵法。

（2）了解大肠菌群的数量在饮水中的重要性。

二、实验原理

多管发酵法是根据大肠菌群所具有的特性，利用含糖的培养基不同稀释度的水样，经过初（步）发酵、平板分离和复发酵三个试验最后根据发酵管数查大肠菌群检数表，得出水样中的总大肠菌群数。

初（步）发酵试验（推测试验）：将不同稀释度的水样，分别接种于含有乳糖等糖类的培养液中（3 倍或 1 倍乳糖液），经 37 °C 培养 24 h，观察产酸产气情况，培养基内加有溴甲酚紫作为 pH 指示剂，细菌产酸后，培养基即由原来的紫色变为黄色，以初步判断是否有大肠菌群存在。

平板分离（证实试验）：水中除大肠菌群外，尚有其他细菌可能引起糖类发酵，因此需要进一步证实。

将初发酵管中已发酵的菌液接种于伊红美兰培养基，37 °C 培养 24 h，根据菌落特征（带核心的、有金属光泽的深紫色菌落），挑取可能为大肠菌群的菌落制片，经革兰氏染色，进一步证实是否为大肠菌群。

复发酵试验（完成实验）：将上述可能为大肠菌群的菌落再次转接入 1 倍乳糖培养液中，经 37 °C 培养 24 h，产酸产气者即最后确证为存在大肠菌群。产酸、产气分别记为阳性反应，不产酸、产气则记为阴性反应；根据阳性管数量，查表求得水体大肠菌群的数量。

三、实验仪器与试剂

1. 仪器

（1）显微镜。

（2）革兰氏染色用有关器材。

（3）高压蒸汽灭菌器。

（4）干热灭菌箱。

（5）恒温箱。

（6）放大镜。

（7）试管、培养皿（直径 9 cm）、刻度吸管等，置于干热灭菌箱中 160 °C 灭菌 2 h 。

（8）冰箱。

2. 试剂

（1）乳糖蛋白胨培养液。

成分：蛋白胨 10 g、牛肉膏 3 g、乳糖 5 g、氯化钠 5 g、0.6%溴甲酚紫乙醇溶液 1 mL/蒸馏水 1 000 mL。

制法：将蛋白胨、牛肉膏、乳糖及氯化钠置于 1 000 mL 蒸馏水中加热溶解，调整 pH 为 7.2 ~ 7.4，再加入 1 mL 1.6% 溴甲酚紫乙醇溶液，充分混匀，分装于装有导管的试管中，置于高压蒸汽灭菌器中，以 115 °C 灭菌 20 min，贮存于冷暗处备用。

（2）三倍浓缩乳糖蛋白胨培养液。

按上述制法，采用配方比例的三倍（蒸馏水除外）配成三倍浓缩的乳糖蛋白胨培养液。

（3）品红亚硫酸钠培养基（供多管发酵法用）。

成分：蛋白胨 10 g、乳糖 10 g、磷酸氢二钾 3.5 g、琼脂 15 ~ 30 g、蒸馏水 1 000 mL、无水亚硫酸钠 5 g 左右、5%碱性品红乙醇溶液 20 mL。

储备培养基的制备：先将琼脂加至 900 mL 蒸馏水中，加热溶解，然后加入磷酸氢二钾及蛋白胨，混匀使之溶解，再以蒸馏水补足至 1 000 mL，调整 pH 为 7.2 ~ 7.4，趁热用脱脂棉或绒布过滤，再加入乳糖，混匀后定量分装于烧瓶内，置高压蒸汽灭菌中以 115 °C 灭菌 20 min，储存于冷暗处备用。

平皿培养基的配制：将上法制备的储备培养基加热融化，根据烧瓶内培养基的容量，用灭菌吸管按比例吸取一定量的 5%碱性品红乙醇溶液，置于灭菌空试管中。再按比例称取所需的无水亚硫酸钠置于另一个灭菌空试管内，加灭菌水少许使其溶解后，置于沸水浴中煮沸 10 min 以灭菌。

用灭菌吸管吸取已灭菌的严硫酸钠溶液，滴加于碱性品红乙醇溶液内至深红色褪成淡粉红色为止。将此亚硫酸钠与碱性品红的混合液全部加入已融化的储备培养基内，充分混匀（防止产生气泡）后立即将此种培养基适量倾入于已灭菌的空平皿内，待其冷却凝固后置冰箱内备用。此种已制成的培养基于冰箱内保存不宜超过二周，如培养基已由淡红色变成深红色，则不能再用。

（4）伊红美蓝培养基。

成分：蛋白胨 10 g、乳糖 10 g、磷酸氢二钾 2 g、琼脂 20 ~ 30 g、蒸馏水 1 000 mL、2%伊红水溶液 20 mL、0.5%美蓝水溶液 13 mL。

储备培养基的制备；先将琼脂加至 900 mL 蒸馏水，加热溶解，然后加入磷酸氢二钾及蛋白胨，混匀使之溶解，再以蒸馏水补足至 1 000 mL，调整 pH 为 7.2 ~ 7.4。趁热用脱脂棉或绒布过滤，再加入乳糖，混匀后定量分装于烧瓶内，置高压蒸汽灭菌器内以 115 °C 灭菌 20 min，储存于冷暗处备用。

平皿培养基的制备：将上法制备的储备培养基加热融化，根据烧瓶内培养基的容量，用灭菌吸管按比例吸取一定量已灭菌的 2%伊红水溶液及一定量已灭菌的 0.5%美蓝水溶液，加入已融化的储备琼脂内，充分混匀（防止产生气泡）后立即将此种培养基适量倾入于已灭菌和空平皿内，待其冷却凝固后置冰箱内备用。

四、实验步骤

1. 水样接种量

将水样充分混合后，根据水样污染程度确定水样接种量。每个样品至少用 3 个不同的接种水样量。同一接种水样量要有 5 支管。

相对未受污染的接种水样为 10 mL、1 mL、0.1 mL。受污染水样接种量根据污染程度接种 1 mL、0.1 mL、0.01 mL 或 0.1 mL、0.01 mL、0.001 mL。使用的水样可参考表 4-5。

表 4-5 各种水样的接种量

水样种类	接种量/mL								
	100	50	10	1	0.1	0.01	0.001	0.000 1	0.000 01
井水			√	√	√				
河水、塘水				√	√	√			
湖水、塘水						√	√	√	
城市原污水							√	√	√

如接种量为 10 mL，则试管内应装有三倍浓度乳糖蛋白胨培养液 5 mL；如接种量为 1 mL 或少于 1 mL，则可接种于单倍浓度的乳糖蛋白胨培养液 10 mL 中。

2. 实验步骤

（1）初发酵试验：在将水样分到盛有浓缩乳糖蛋白胨培养液发酵管中，混匀后置于 37 °C 恒温箱内培养 24 h。产酸或产气的发酵管表明实验阳性，如在导管内产生不明显，可以轻拍试管，有小气泡升起的为阳性。

（2）平板分离：经培养 24 h 后，将产酸产气及只产酸的发酵管，分别接种于品红亚硫酸钠培养基或伊红美蓝培养基上，再置于 37 °C 恒温箱内培养 18 ~ 24 h，挑选符合下列特征的菌落，取菌落的一小部分进行涂片、革兰氏试验、镜检。

① 品红亚硫酸钠培养基上的菌落：

紫红色，具有金属光泽的菌落；

深红色，不带或略带金属光泽的菌落；

淡红色，中心色较深的菌落。

② 伊红美蓝培养基上的菌落：

深紫黑色，具有金属光泽的菌落；

紫黑色，不带或略带金属光泽的菌落；

淡紫红色，中心色较深的菌落。

（3）复发酵试验：上述涂片镜检的菌落如为革兰氏阴性无芽胞杆菌，则挑取该菌落的另一部分再接种于普通浓度乳糖蛋白胨培养液中（内有导管），每管可接种分离自同一初发酵管的最典型的菌落 1 ~ 3 个，然后置于 37 °C 恒温箱中培养 24 h，有产酸产气者（不论导管内气体多少皆作为产气论），即证实有总大肠菌群存在。

（4）根据证实有总大肠菌群存在的阳性管（瓶）数查表 4-6，报告每升水样中的总大肠菌群数。

表 4-6　总大肠菌群数检数表

（1）接种水样总量 300 mL（100 mL 2 份，10 mL 10 份）

10 mL 水量的阳性管数	0	1	2
	总大肠菌群数/L	总大肠菌群数/L	总大肠菌群数/L
0	<3	4	11
1	3	8	18
2	7	13	27
3	11	18	38
4	14	24	52
5	18	30	70
6	22	36	92
7	27	43	120
8	31	51	161
9	36	60	230
10	40	69	>230

（2）接种水样总量 10 mL、1.0 mL、0.1 mL 各 5 管

阳性管组合	每 100 mL 水样中细菌的最大可能数	阳性管组合	每 100 mL 水样中细菌的最大可能数	阳性管组合	每 100 mL 水样中细菌的最大可能数
0-0-0	<2	3-2-1	180	5-2-2	31
0-0-1	2	3-3-0	6	5-3-0	43
0-1-0	2	4-0-0	6	5-3-1	33
0-2-0	4	4-0-1	5	5-3-2	46
1-0-0	2	4-1-0	7	5-3-3	63
1-0-1	4	4-1-1	7	5-4-0	130
1-1-0	4	4-1-2	9	5-4-1	170
1-1-1	14	4-2-0	9	5-4-2	220
1-2-0	17	4-2-1	12	5-4-3	280
2-0-0	17	4-3-0	8	5-4-4	350
2-0-1	13	4-3-1	11	5-5-0	240
2-1-0	17	4-4-0	11	5-5-1	350
2-1-1	17	5-0-0	14	5-5-2	540
2-2-0	21	5-0-1	26	5-5-3	920
2-3-0	49	5-0-2	22	5-5-4	1 600
3-0-0	70	5-1-0	26	5-5-5	≥2 400
3-0-1	94	5-1-1	27		
3-1-0	140	5-1-2	33		
3-1-1	79	5-2-0	34		
3-2-0	110	5-2-1	23		

（3）接种水样总量 111.1 mL（100 mL，10 mL、1 mL、0.1 mL 各 1 份）

接种水样量/mL				每升水样中大肠菌群数
100	10	1	0.1	
−	−	−	−	<9
−	−	−	+	9
−	−	+	−	9
−	+	−	−	9.5
−	−	+	+	18
−	+	−	+	19
−	+	+	−	22
+	−	−	−	23
−	+	+	+	28
+	−	−	+	92
+	−	+	−	94
+	−	+	+	180
+	+	−	−	230
+	+	−	+	960
+	+	+	−	2 380
+	+	+	+	>2 380

（4）接种水样总量 11.11 mL（10 mL、1 mL、0.1 mL、0.01 mL 各 1 份）

接种水样量/mL				每升水样中大肠菌群数
10	1	0.1	0.01	
−	−	−	−	<90
−	−	−	+	90
−	−	+	−	90
−	+	−	−	95
−	−	+	+	180
−	+	−	+	190
−	+	+	−	220
+	−	−	−	230
−	−	+	+	280
+	−	−	+	920
+	−	+	−	940
+	−	+	+	1 800
+	+	−	−	2 300
+	+	−	+	9 600
+	+	+	−	23 000
+	+	+	+	>23 000

五、实验数据处理

结果报告填入表 4-7。

表 4-7　水细菌检验记录表

<table>
<tr><td colspan="13">细菌菌落数计数</td></tr>
<tr><td>用量</td><td colspan="3">mL</td><td colspan="3">mL</td><td colspan="3">mL</td><td colspan="3">mL</td></tr>
<tr><td rowspan="2">37 °C 培养 24 h 菌落数</td><td colspan="3"></td><td colspan="3"></td><td colspan="3"></td><td colspan="3"></td></tr>
<tr><td colspan="3"></td><td colspan="3"></td><td colspan="3"></td><td colspan="3"></td></tr>
<tr><td colspan="13">总大肠菌群数的测定</td></tr>
<tr><td>样品接种/mL</td><td></td><td></td><td></td><td></td><td></td><td></td><td></td><td></td><td></td><td></td><td></td><td></td></tr>
<tr><td>初步发酵结果</td><td></td><td></td><td></td><td></td><td></td><td></td><td></td><td></td><td></td><td></td><td></td><td></td></tr>
<tr><td>典型菌落</td><td></td><td></td><td></td><td></td><td></td><td></td><td></td><td></td><td></td><td></td><td></td><td></td></tr>
<tr><td>革兰染色</td><td></td><td></td><td></td><td></td><td></td><td></td><td></td><td></td><td></td><td></td><td></td><td></td></tr>
<tr><td>细菌形态</td><td></td><td></td><td></td><td></td><td></td><td></td><td></td><td></td><td></td><td></td><td></td><td></td></tr>
<tr><td>复发酵结果</td><td></td><td></td><td></td><td></td><td></td><td></td><td></td><td></td><td></td><td></td><td></td><td></td></tr>
</table>

六、注意事项

（1）严格无菌操作，防止污染。

（2）注意正确投放发酵导管，接种前小导管中不可有气泡。

七、思考题

1. 为什么要选择大肠菌群作为水源被肠道病原菌污染的指示菌？
2. EMB 培养基含有哪几种主要成分？在检查大肠菌群时，各起什么作用？
3. 经检查，水样是否合乎饮用标准？

实验二十四　废水细菌总数的测定

生活用水的水源常被生活污水、工业废水以及人畜粪便所污染。腐生性微生物对人无害，而病源性微生物则能引起传染病甚至流行病，如霍乱、伤寒、细菌性痢疾和阿米巴性痢疾以及脊髓灰质炎和传染性肝炎等病毒性疾病。水中的细菌总数越多，说明水中有机物的含量就越高，水体被有机物污染的程度越重，但不能说明污染的来源，必须结合大肠菌群数来判断水的污染来源和安全程度。

水中细菌的种属繁多，它们对营养和其他生长条件的差别很大，不可能找到一种培养基在一种条件下，使水中所有的细菌均能生长繁殖，以一定的培养基平板上生长出来的菌落，计算出来的水中的细菌的总数实际上是一种近似值。肠道中的绝大多数腐生性和致病性的细菌，可在牛肉膏蛋白胨培养基上进行生长。因此应用平板菌落计数技术来测定水样中的细菌总数基本上能代表水样中细菌的数量。

一、实验目的

（1）学习水样的采取方法和水样细菌总数测定的方法。

（2）了解水源水的平板菌落计数的原则。

二、实验原理

由于水中细菌种类繁多，它们对营养和其他生长条件的要求差别很大，不可能找到一种培养基在一种条件下，使水中所有的细菌均能生长繁殖，因此，以一定的培养基平板上生长出来的菌落，计算出水中细菌总数仅是一种近似值。本实验应用平板菌落计数技术测定水中细菌总数。

目前一般是采用牛肉膏蛋白胨琼脂培养基。

三、实验仪器与试剂

1. 仪器

（1）天平。

（2）药匙、烧杯、玻璃棒、pH 试纸。

（3）电炉。

（4）试管、三角瓶、分装漏斗。

（5）干燥箱。

（6）高压蒸汽灭菌锅。

（7）牛皮纸、棉花、线绳。

2. 试剂

（1）牛肉膏，3 g。

（2）蛋白胨，10 g。

（3）NaCl，5 g。

（4）琼脂，15 ~ 20 g。

（5）10% NaOH 溶液。

（6）10%盐酸溶液。

四、实验步骤

1. 水样的采集

（1）池水、河水、湖水等地面水源水取样。应取距水面 10 ~ 15 cm 的深层水样。先将灭菌的带玻璃塞瓶，瓶口向下浸入水中，然后翻转过来，除去玻璃塞，水立即流入瓶中，盛满后，将瓶塞盖好，再从水中取出。如果不能在 2 h 内检测的，需放入冰箱中保存。

（2）自来水取样。打开自来水龙头，让水流流出 1 min 左右，用烧杯接取自来水。

2. 水样稀释

（1）按无菌操作法，将水样作 10 倍系列稀释。

（2）根据对水样污染情况的估计，选择 2 ~ 3 个适宜稀释度（饮用水如自来水、深井水等，一般选择 1、1：10 两种浓度；水源水如河水等，比较清洁的可选择 1：10、1：100、1：1 000 3 种稀释度；污染水一般选择 1：100、1：1 000 、1：1 000 0 三种稀释度)，吸取 1 mL 稀释液于灭菌平皿内，每个稀释度做 3 个重复。

3. 细菌的培养

（1）加热已经配制好的固体培养基（牛肉膏蛋白胨琼脂培养基），使固体培养基溶化。

（2）倒制平板：每个空平皿中倒约 20 mL 的培养基，放置桌面待其凝固。

（3）用移液管吸取 0.1 mL 水样，滴于平板中；将玻璃涂布棒于酒精灯的外焰上加热，杀死表面微生物，然后耐心待其冷却，然后用涂布棒将水滴均匀的涂满整个平板表面，尽量将水涂干。

（4）倒置于 37 °C 培养箱中培养 24 h。

4. 菌落计数

（1）平板菌落数的选择：选取菌落数在 30 ~ 300 的平板作为菌落总数测定标准。一个稀释度使用两个重复时，应选取两个平板的平均数。如果一个平板有较大片状菌落生长时，则不宜采用，而应以无片状菌落生长的平板计数作为该稀释度的菌数。若片状菌落不到平板的一半，而其余一半中菌落分布又很均匀，可计算半个平板后乘 2 以代表整个平板的菌落数。

（2）稀释度的选择。

① 应选择平均菌落数在 30 ~ 300 的稀释度，乘以该稀释倍数报告之。

② 若有两个稀释度，其生长的菌落数均在 30 ~ 300，则视二者之比如何来决定。若其比值小于 2，应报告其平均数；若比值大于 2，则以其中较小的数字报告之。

③ 若所有稀释度的平均菌落均大于 300，则应按稀释倍数最高的平均菌落数乘以稀释倍数报告之。

④ 若所有稀释度的平均菌落数均小于 30、则应按稀释倍数最低的平均菌落数乘以稀释倍数报告之。

⑤ 若所有稀释度均无菌落生长，则以小于 1 乘以最低稀释倍数报告之。

⑥ 若所有稀释度的平均菌落数均不在 30 ~ 300，其中一大部分大于 300 或小于 30 时，

则以最接近 30 或 300 的平均菌落数乘以该稀释倍数报告之。

⑦ 若所有稀释度的菌落数均无法计数，则以最高稀释倍数无法计数报告之。

菌落计数可参照表 4-8。

表 4-8 菌落总数方法举例

例次	不同稀释度的平均菌落数			两个稀释度菌落数之比	菌落总数 (个/g 或个/mL)	报告方式 (个/g 或个/mL)
	10^{-1}	10^{-2}	10^{-3}			
1	1365	164	20	—	16 400	16 000（或 1.6×10^4）
2	2760	295	46	1.6	37 750	38 000（或 3.8×10^4）
3	2890	271	60	2.2	27 100	27 000（或 2.7×10^4）
4	无法计数	4650	513	—	513 000	51 000 0（或 5.1×10^5）
5	27	11	5	—	270	270（或 2.7×10^2）
6	无法计数	305	12	—	30 500	31 000（或 3.1×10^4）
7	无法计数	无法计数	无法计数	—		10^{-3} 无法计数

五、实验数据处理

细菌的菌落数在 100 以内时，按其实有数报告；大于 100 时，用二位有效数字，在二位有效数字后面的数字，以四舍五入方法修约。为了缩短数字后面的 0 的个数，可用 10 的指数来表示，如表 4-9“报告方式”一栏所示。

表 4-9 菌落计数表

编号	菌落数	报告结果
1		
2		
3		
4		
5		
6		
7		

六、注意事项

（1）操作必须“无菌操作”，每递增稀释一次即换用 1 支 1 mL 灭菌吸管。

（2）配制固体培养基时，先将其他药品加热溶解到快沸时，再将称好的琼脂加入，继续加热至琼脂完全熔化，此过程要不断搅拌，以免琼脂糊底，并控制火力，防止沸腾外溢；

（3）倾注前和倾注时培养基应尽量保持在 45 °C 左右，温度过高会影响细菌生长，过低琼脂易于凝固不能与菌液充分混匀。应以皮肤感受较热而不烫为宜。

（4）倾注培养基的量规定不一，从 12 ~ 20 mL 不等，一般以 15 mL 为宜，平板过厚影响观察，太薄易于干裂。倾注时，如培养基底部有沉淀物，应弃掉，以免影响技术观察。

（5）为使菌落均匀在平板上分布，加入稀释水样后，应尽快倾注培养基并旋转混匀，可正反两个方向选装，从水样开始稀释到倾注最后一个培养皿所用时间不宜超过 20 min，以防止细菌有所死亡或繁殖。

（6）操作时培养皿盖上可能粘有水珠或者细菌，同时培养过程中，细菌在代谢繁殖过程中会产生一些有害于细菌生长繁殖的代谢物，释放热量及有水排出，倒着培养可以避免培养皿盖上的水珠或者微生物落在培养皿上。

七、思考题

1. 做空白对比的作用？
2. 为什么要把培养皿倒置培养？
3. 为什么营养琼脂培养基在使用前要保持在 45 °C 左右的温度？
4. 从自来水的细菌总数结果来看，是否合乎饮用标准？

第五章 物理性污染监测

实验二十五 环境噪声监测

一、实验目的

（1）掌握环境噪声的监测方法。

（2）熟悉声级计的使用。

（3）掌握对非稳态的无规噪声监测数据的处理方法。

二、实验原理

1. 区域环境噪声的监测

将全区域划分不少于 100 个网格，测点选在网格中心，若中心点不宜测量，可移至附近能测量的位置。

2. 城市交通噪声的监测

在每两个交通路口之间的交通线上先设一个测点，在马路边人行道上（一般距马路沿 20 cm），所测噪声可代表两个路口之间的该段马路的交通噪声。

3. 工业企业噪声监测

在测量工业企业噪声时，应将传声器放在操作人员的耳朵位置（人离开）。若车间内各处 A 声级相差不大（小于 3 dB），则只需在车间内选择 1 ~ 3 个测点。若车间各处声级波动较大（大于 3 dB），只需按声级大小，将车间分成若干区域，任意两个区域的声级差应大于或等于 3 dB，每个区域内的声级波动必须小于 3 dB，每个区域取 1 ~ 3 个测点。这些区域必须包括所有工人经常工作或活动的地点、范围。

三、实验仪器与试剂

1. 校准

基本测量仪器为精密声级计，测量前，对使用传声器要进行校准，并要检查声级计电池电压是否足够，测量后要求复校一次，前后灵敏度相差不大于 2 分贝。

2. 测量条件

（1）天气条件要求在无雨无雪的时间进行操作，声级计应保持传声器膜片清洁。风力在三级以上必须加风罩，以免风噪声干扰。五级以上大风应停止测量。

（2）声级计固定在三角架上，声级计离地面 1.2 m，传声器指向被测声源。声级计应尽量远离人身，以减少人身对测量的影响。

四、实验步骤

（1）将某一地区划分为 25 m×25 m 的网格，测量点选在每个网格的中心，若中心点的位置不宜测量，可移到旁边能够测量的位置。

（2）顺序到各网点测量，时间从 8：00～17：00，每一网格至少测量四次，时间间隔尽可能相同。

（3）读数方式用慢挡，每隔 5 秒读一个瞬时 A 声级，连续读取 200 个数据。读数同时要判断和记录附近主要噪声来源（如交通噪声、施工噪声、工厂或车间噪声、锅炉噪声……）和天气条件。

声级计置于慢格，每隔 5s 读一个瞬时 A 声级，对每一个测量点，连续读取 100 个数据（当噪声较大时应取 200 个数据）。读数的同时，要判断测点附近的主要噪声来源（如交通噪声、工厂噪声、施工噪声、居民噪声或其他声源等），记录周围声学环境。

五、实验数据处理

由于环境噪声是随时间而起伏的无规则噪声，因此测量结果一般用统计值或等效声级来表示。

（1）累积分布值 L_{10}、L_{50}、L_{90} 与标准偏差 δ。

L_{10} 表示 10%的时间超过的噪声级，相当于噪声的平均峰值；

L_{50} 表示 50%的时间超过的噪声级，相当于噪声的平均值；

L_{90} 表示 90%的时间超过的噪声级，相当于噪声的本底值。

（2）将所测得的 200 个数据从大到小排列，找到第 10%个数据即为 L_{10}，第 50%数据即为 L_{50}，第 90%个数据即为 L_{90}，并按下式求出等效声级 L_{eq} 以及标准偏差 σ。

$$L_{eq}=10\times\lg\left(\frac{1}{100}\sum_{i=1}^{100}10^{L_i/10}\right)$$

若符合正态分布，则 $L_{eq}=L_{50}+\frac{d^2}{60}$，其中，$d=L_{10}-L_{90}$。

（3）测量最终结果可以用区域噪声污染图来表示，为便于制图，白天的时间是从 6：00 到 22：00，共 16 小时；夜间是从 22：00 到 6：00，共 8 小时。

全市测量结果应列出所有将监测点各次的 L_{10}、L_{50}、L_{90}、L_{eq} 值列表 5-1 表示并求其平均值。并以 L_{eq} 的算术平均值作为该网点的环境噪声评价量。

表 5-1　监测数据列表

	时分	时分	时分	平均值
L_{10} /dB(A)				
L_{50} /dB(A)				
L_{90} /dB(A)				
L_{eq} /dB(A)				
δ /dB(A)				

六、注意事项

（1）声级计的品种很多，事先仔细阅读使用说明书。

（2）声级计使用的电池电压不足时应更换电池。更换时，电源开关应置于“关”，长时间不用时应将电池取出。

（3）目前大多声级计具有数据自动整理功能，作为练习希望能记录数据后，进行手工计算。

七、思考题

1. 影响噪声测定的因素有哪些？如何注意？

2. 根据监测结果及所在地区的噪声执行标准分析所测点噪声是否超标？并分析超标原因。

第六章　综合设计实验

实验二十六　校园人工湖水质监测

一、实验目的

（1）对校园人工湖景观用水进行监测，了解学校校园内的水质现状。

（2）进一步将课堂所学知识运用到实践中，学会制定水质监测方案并按步实施，训练学生独立完成地表水水质监测任务的能力。

（3）使学生学会合理、准确选择样品预处理方法及分析监测方法，熟悉常用的水质监测中的实验操作技术，掌握地表水各种指标与污染物的测定方法。

（4）训练学生科学地处理监测数据，对监测结果的分析和评价能力。

（5）熟悉环境质量标准评价的各项标准，并学会运用其来评价水质，提出改善校园水质的意见和建议。

二、实验工作内容

（1）监测断面和采样点的设置及水样采集。

（2）对地表水样品分别进行分析测试，监测项目（主要：水温、pH、色度、浊度、COD、BOD_5，DO、氨氮、TP）。

（3）数据处理，以合理的方式表示监测结果。

（4）写出地表水水质监测报告，并对地表水水质进行简单评价。

三、采样地点

校园人工湖。

四、实验组织

将整班学生分组，每组 4 ~ 5 个人，1 个组长。学生在指导老师的带领下进行具体操作。

五、实验内容和过程

1. 制订地表水监测方案

包括采样点的布设、采样方法，并根据监测项目选择监测方法。

2. 水质监测的具体内容安排

确定监测点后确立监测项目，每组同学做好采样前准备工作。准备工作如下：

（1）试剂、标准溶液及其他试液准备。

（2）采样器、采样时的保护剂等。

3. 学生亲自动手进行水样采集、保护、预处理及分析测试

项目分析监测及数据处理方法参看本实验书或我国水质标准分析方法，即《水和污水监测分析方法》。

4. 对地表水水质进行简单评价

全班同学在一起对地表水监测结果进行讨论，并对地表水水质进行简单评价。要求学生积极发言，发表自己的观点及意见。

（1）对监测结果讨论内容及方式：首先每一组负责人员对本监测点基本情况进行描述，对选择的项目监测及其结果进行叙述，监测过程中出现哪些异常问题，对本组所得监测结果进行总结。

（2）对地表水水质评价：分析地表水水质现状和特点，根据《地表水环境质量标准》（GB3838—2002），对地表水水质现状进行评价。

六、实验报告书写

学生对实验进行总结，完成实验报告。包括如下内容：

（1）实验的目的。

（2）监测方案的制订。

（3）实验过程。

（4）监测数据分析及处理。

（5）地表水水质评价结论。

（6）主要收获和体会。

实验二十七　校园空气质量监测

一、实验目的和要求

（1）通过实验进一步巩固理论知识，熟练掌握环境空气中各污染因子（SO_2、NO_x和PM10）的具体采样方法、测定方法、误差分析及数据处理等方法。

（2）根据实验数据对校园环境空气质量进行评价。

（3）根据污染物或其他影响环境质量因素的分布，追踪污染路线，寻找污染源，为校园环境污染的治理提供依据。

（4）培养学生的团结协作精神，以及综合分析与处理问题的能力。

（5）熟悉环境质量标准评价的各项标准，并学会运用其来评价环境空气质量，提出改善校园空气质量的意见和建议。

二、实验工作内容

（1）根据布点采样原则，选择适宜方法进行布点，确定采样频率及采样时间，掌握测定空气中SO_2、NO_x、PM10的采样和监测方法。

（2）根据三项污染物监测结果，描述空气质量状况，对校园环境空气质量进行评价。

三、采样地点

德州学院北校区。

四、实验组织

将整班学生分组，每组4～5人，1个组长。学生在指导老师的带领下进行具体操作。

五、实验内容和过程

1. 空气环境监测调查和资料收集

空气污染受气象、季节、地形和地貌等因素的强烈影响而随时间变化，因此应对校园内各种空气污染源、空气污染物排放状况及自然与社会环境特征进行调查，并对空气污染物排放做初步估算。

（1）校园内空气污染源调查：主要调查校园内空气污染物的排放源、数量、燃料种类和污染物名称及排放方式等，为空气环境监测项目的选择提供依据。可按表6-1的方式进行调查。

表6-1　校园内空气污染源调查

序号	污染源名称	数量	燃料种类	污染物种类	污染物治理措施	污染物排放方式
1	食堂					
2	锅炉房					
3	实验室					
4	…					

（2）校园周边空气污染源调查：一般大学校园位于交通干线旁，有的交通干线还穿越大学校园，因此校园周边空气污染源主要调查汽车尾气排放情况，汽车尾气中主要含有 NO_x、CO、烟尘等污染物。调查形式见表 6-2 所示。

表 6-2　校园周边各路段汽车流量调查

路段		大学西路	育英大街	崇德大道	苹果园路
车流量（辆/h）	大型车				
	中型车				
	小型车				

（3）气象资料收集：主要收集校园所在地气象站（台）近年的气象数据，包括风向、风速、气温、气压、降水量、相对湿度等。具体调查内容见表 6-3 所示。

表 6-3　气象资料调查

项　目	调查资料
风　向	主导风向、次主导风向及频率等
风　速	年平均风速、最大风速、最小风速、年静风频率等
气　温	年平均气温、最高气温、最低气温等
降水量	年平均降水量
⋮	

2. 制订校园空气质量监测方案

根据污染源调查结果和气象资料，确定采样点的布设。筛选监测项目，确定采样方法、采样时间和采样频率，并根据监测项目选择监测方法。每组同学做好采样前准备工作。

空气环境监测项目的筛选：根据《环境空气质量标准》（GB 3095—2012）和校园及其周边的空气污染物排放情况来筛选监测项目，高等学校一般无特征污染物排放，结合空气污染源调查结果，选择空气环境监测项目。

3. 学生进行样品采集、保护、预处理及分析测试

项目分析监测及数据处理方法参看本实验书。

（1）数据整理：监测结果的原始数据要根据有效数字的保留规则正确书写，监测数据的运算要遵循运算规则。在数据处理中，对出现的可疑数据，首先从技术上查明原因，然后再用统计检验进行处理，经检验验证属离群数据应予剔除，以使测定结果更符合实际。

（2）分析结果的表示：将监测结果按样品数、检出率、浓度范围进行统计并制成表格，可按表 6-4 统计分析结果。

表 6-4　环境空气监测结果统计

编号	测点名称	样品数	检出率%	小时均值		24 h 平均值	
				浓度范围	超标率%	浓度范围	超标率%
1							
2							

4. 对校园环境空气质量进行简单评价

全班同学在一起对监测结果进行讨论，并对校园环境空气质量进行简单评价。要求学生积极发言，发表自己的观点及意见。

（1）对监测结果讨论内容及方式。首先每一组负责人员对本监测点基本情况进行描述，对选择的项目监测及其结果进行叙述，监测过程中出现哪些异常问题，对本组所得监测结果进行总结；

（2）对校园环境空气质量进行评价。分析校园环境空气质量现状和特点，根据《环境空气质量标准》（GB3095—2012），对校园空气质量现状进行评价。

六、实验报告书写

学生对实验进行总结，完成实验报告。包括如下内容：

（1）实验的目的。

（2）实验过程。

① 分析校园内外的污染源分布、排放情况和主要污染物。

② 校园的地形和气象情况。

③ 监测点的布设并阐述理由（采样点直接标注在校园平面图上，在下方进行必要的文字说明和阐述理由）。

④ 采样时间和采样频率并阐述理由。

⑤ 项目和监测方法（包括采样方法和引用的国家标准），以表格的形式表达。

（3）监测数据分析及处理。

（4）校园空气质量评价结论。

（5）主要收获和体会。

附　录

附录 1　实验思考题参考答案

第二章　水污染监测

实验一　水中悬浮固体的测定

1. 谈谈总残渣、可滤残渣与悬浮固体的区别？各自如何测定？

答:（1）残渣分为总残渣、可滤残渣和不可滤残渣（悬浮固体）三种。

总残渣是水或污水在一定温度下蒸发烘干后剩余在器皿中的物质，包括“可滤残渣”(通过滤器的全部滤渣，即溶解性固体）和“不可滤残渣”截留在滤器上的全部残渣（即悬浮固体)。

（2）测定方法。

将混合均匀的水样，在称至恒重的蒸发皿中于蒸汽浴或水浴上蒸干，放在 103 ~ 105 °C 烘箱内烘至恒重增加的重量为总残渣。

将过滤后水样放在称至恒重的蒸发皿内蒸干，然后再 103 ~ 105 °C 烘至恒重，增加的重量为可滤残渣。

用 0.45 μm 滤膜过滤水样，经 103 ~ 105 °C 烘干后得到不可滤残渣含量。

2. 影响重量分析法的精度的因素有哪些?

答:（1）悬浮物样品采集对测定结果的影响。

采样位置和采样深度合理设定，防止采样时丢失大粒径不溶物和样品的均匀性；测定水中 SS 必须使用新鲜水样，水样应避免沉积或凝聚。

（2）悬浮物颗粒不均匀对测定结果的影响。

采集水样应尽快完成测试，避免存放时间长造成沉淀导致结果测定不准确。

（3）取样量对悬浮物测定结果的影响。

膜上截留过多的悬浮物可能夹带过多的水分，除延长干燥时间外，还可能造成过滤困难，遇此情况，可酌情少取试样。滤膜上悬浮物过少，则会增大称量误差，影响测定精度，必要时，可增大试样体积。一般以 5 ~ 100 mg 悬浮物量作为量取试样体积的实用范围。

（4）测定条件对悬浮物测定结果的影响。

过滤水样所用的滤料不同则 SS 的测定结果也不同，有时结果会相差很大；过 滤水样要防止 SS 穿滤现象；过滤洗涤要仔细，避免样品损失。

避免连续长时间的烘烤，这样虽易达到恒重，操作也较简便，但易引起正负误差。

称量瓶（滤纸、试样）放入干燥器应冷却至室温后及时、快速称量。

（5）测定悬浮物的质量控制。

测定时，根据测定样品的多少，选择规定数量的质控样。

实验二　水质色度的测定

1. 水样中如有颗粒物如何影响分光光度法测定色度？

答：水样中有颗粒物也即水样具有一定的浊度，用分光光度计测定时水样的浊度会对光的吸收率产生一定的影响，使色度测定结果变大。应将带有颗粒物的水样放置澄清、采用离心法或用孔径 0.45 μm 的滤膜过滤后再进行测定。

2. 水样色度测定有哪几种方法，并进行比较？

答：水样色度测定方法有：铂（铬）钴标准、比色法和稀释倍数法铂（钴）钴标准比色法适用于清洁的、带有黄色色调的天然水和饮用水的色度测定； 稀释倍数法用于受工业污（废）水污染的地表水和工业废水的色度测定。两种方法单独使用，结果一般不具有可比性。

3. 什么是水的表色和真色？一般应把水样怎样处理后测定其表色和真色？

答：真色是指去除悬浮物后水的颜色，没有去除的水具有的颜色称表色。如测定水样的真色，应放置澄清取上清液，或用离心法去除悬浮物后测定；如测定水样的表色，待水样中的大颗粒悬浮物沉降后，取上清液测定。

实验三　水质浊度的测定

1. 天然水呈现浊度的物质有哪些？

答：天然水中呈现浊度的物质主要有：混沙；有机物；无机物；浮游生物；微生物；悬浮物质。

2. 浊度与悬浮物的质量浓度有无关系？为什么？

答：有关，因为悬浮物质是指颗粒直径约在 10^{-4} mm 以上的微粒，肉眼可见，这些微粒主要是由泥沙、黏土、原生动物、藻类、细菌、病毒以及高分子有机物组成，常常悬浮在水流之中，水产生的浑浊现象，也都是由此类物质所造成。悬浮物是造成浊度的主要来源。

3. 对比三种测量方法。

答：分光光度法适用于饮用水、天然水及高浊度水，最低检测度为 3 度。

目视比浊法适用于饮用水和水源水等低浊度的水，最低检测度为 1 度。

光电式-浊度计法，任何真正的浊度都必须按这种方式测量。浊度计既适用于野外和实验室内的测量，也适用于全天候的连续监测。

实验四　化学需氧量的测定

1. 酸性高锰酸钾法中，水样稀释后为什么要测空白？

答：由于一般蒸馏水中常含有易被氧化的物质，因此用水稀释时，必须测定稀释水的耗氧量，并在最后结果中减去此部分。

2. 试亚铁灵指示剂能不能在加热回流结束时加入？为什么？

答：不能，因为试亚铁灵指示剂在高温条件下，会被重铬酸钾氧化。

3. 水中 COD_{Cr} 的测定属于何种滴定方式？为何要采取这种方式滴定？

答：COD_{Cr} 的测定属于氧化还原滴定。其中，用硫酸亚铁铵来滴定重铬酸钾，+6 价铬被还原为+3 价，Fe^{2+}被氧化为 Fe^{3+}，

4. COD_{Cr} 的测定过程中，硫酸汞和硫酸-硫酸银各起什么作用？

答：COD_{Cr} 的测定过程中，氯离子不能被重铬酸钾氧化，并且能与硫酸银作用产生沉淀，

影响测定结果，故在回流前向水样中加入硫酸汞，硫酸汞是为了消除氯离子的干扰。硫酸-硫酸银是为重铬酸钾氧化提供酸性条件和催化条件。

5. 对比分析重铬酸钾法和酸性高锰酸钾法的区别。

高锰酸盐指数 I_{Mn} 和化学需氧量（COD_{Cr}）均为表示水体中有机物相对含量的指标，是指在一定条件下，分别以高锰酸钾和重铬酸钾氧化水中的亚硝酸盐、亚铁盐、硫化物和有机物所消耗的氧化剂的量，以氧的 mg/L 表示，二者均是条件性指标。I_{Mn} 指数仅用表征地表水的水质，COD_{Cr} 既可用于地表水也可用于废水。由于所用的氧化剂氧化强度不同、氧化反应条件也不同，I_{Mn} 能表征水中 50% ~ 70%的有机物，而 COD_{Cr} 能表征水中除吡啶、芳香族、苯类等以外的绝大部分有机物，故对于同一个水质 $I_{Mn} < COD_{Cr}$。

实验五　水中铬的测定

1. 测总铬时，加入高锰酸钾溶液，如果颜色继续褪去，为什么要补加高锰酸钾？

答：说明水样中的有机物和无机还原性物质含量高（其中 Cr^{3+} 的含量也可能高），应重新取样另做。重做时，应适当减少取样量，或适量补充高锰酸钾用量并同时做空白试验。

2. 二苯碳酰二肼分光光度法测定水中总铬时，含大量有机物的废水样经硝酸-硫酸消解后，为什么还要加高锰酸钾氧化后才能测定？

答：因为只有将水样中的各种价态的铬都转化为六价铬后才能用二苯碳酰二肼法测定总铬，但在强酸性条件下，铬以 $Cr_2O_7^{2-}$ 的形式存在，$Cr_2O_7^{2-}$ 具有比 HNO_3 还强的氧化性，可先氧化还原性物质（如有机物），而本身被还原成 Cr^{3+}。只有加入高锰酸钾，进一步氧化，才能保证把 Cr^{3+} 完全氧化成 Cr^{6+}，从而测定的结果才可靠。

3. 测定六价铬或总铬的器皿能否用重铬酸钾洗液洗涤？为什么？应使用何种洗涤剂洗涤？

答：不能用重铬酸钾洗液洗涤。因为重铬酸钾洗液中的铬呈六价，容易沾污器壁，使六价铬或总铬的测定结果偏高。应使用硝酸、硫酸混合液或合成洗涤剂洗涤，洗涤后要冲洗干净。所有玻璃器皿内壁需光洁，以免吸附铬离子。

实验六　水中氨氮的测定

1. 测定水样氨氮时，为什么要先蒸馏 200 mL 无氨水？

答：因为一般的氨氮测试要求实验用水为严格的无氨水，一般的自来水中都或多或少含有一些氨氮，所以在使用这些水时必须进行无氨化处理。

2. 在蒸馏比色测定氨氮时，为什么要调节水样的 pH 在中性？

答：pH 对反应结果的显色程度有显著影响，进而影响分析结果的准确性。加入纳氏试剂后溶液显色的 pH 适宜范围为 11.8 ~ 12.4，pH 低于 11.8，反应向反方向进行，不产生显色反应，pH 高于 12.4，溶液中产生大量 NH_2HgIO，溶液变浑而无法比色。对于同一个水样，改变其 pH，加入 1.0 mL 纳氏试剂，显色 10 min 后测定其吸光度，经测定，pH 在 7 左右时吸光值较高。因此，水样在保存运输的过程中加酸酸化后，在样品显色之前要将其 pH 调至中性。

3. 对比分析纳氏试剂分光光度法、氨气敏电极法和蒸馏-中和滴定法的使用范围和优缺点。

答：纳氏试剂分光光度法（应用最广泛），该法比较的简单，操作起来比较灵敏，但是在测定过程中，容易受到其他因素的干扰作用，如水中的金属离子、酮类和醛类以及浑浊程度、水体颜色等等。因此。在测定之前，需要预先处理。

蒸馏-中和滴定法具有一定的优势，但是不适用于批量处理。

氨气敏电极法操作简单，无须对样品进行预处理，省去了蒸馏、絮凝沉淀或过滤等操作，节约了分析时间，适合于实验室大批量废水中氨氮含量的测定，尤其对于高浓度废水中氨氮的滴定更具有优越性，但玻璃电极使用一定时间后会出现老化现象，需要定时更换电极和电极膜，无形中增加了样品的分析成本。

实验七　水中亚硝酸盐氮的测定

1. 在测试某一水样的亚硝酸盐含量时，若遇水样色度大、悬浮物过高以及 pH 值大的情况，应如何处理？

答：可向每 100 mL 水中加入 2 mL $Al(OH)_3$悬浮液，搅拌，静置，过滤，弃去 25 mL 初滤液，待测。如遇水样 pH≥11 时，可加入 1 滴酚酞指示剂，边搅拌边逐滴加入（1+9）H_3PO_4至红色刚消失。

2. 在亚硝酸盐氮分析过程中，水中的强氧化性物质会干扰测定，如何确定并消除？

答：随着测定的时间逐渐变长，其测得吸光度也在逐渐下降，说明水中的强氧化性物会将亚硝酸盐氧化成硝酸盐，浓度不断下降从而干扰测定。

消除：每 100 mL 水样中加入 2 mL 氢氧化铝悬浮液，搅拌后，静置过滤，弃去 25 mL 初滤液。再向水中加入过量的草酸钠溶液（即再向水中加入一滴低浓度高锰酸钾溶液，颜色立即退去）。

实验八　水中硝酸盐氮的测定

1. 酚二磺酸法测定 NO_3^--N，其标准使用液的配制与一般标准使用液的配制有何不同？

答：不同点在于：一般标准使用液采用直接法配制，而酚二磺酸法测定硝酸盐氮的标准使用液需将 NO_3^--N 标准储备液与酚二磺酸在蒸干的条件下反应，生成硝基二磺酸酚后，经稀释而得到。

2. 如何通过测定三氮的含量来评价水体的“自净”程度？

（1）由于生活污水中含氮有机物受微生物作用分解成氨氮，而且焦化、合成氨等工业废水和农田排水中的氮含量也主要以氨氮形式存在，因此水中氨氮的存在可指示近期是否有新的污染物出现。亚硝氮是氮循环的中间产物，因此水中亚硝氮可指示水体中的污染物已被分解，但并未被分解完全，即为自净完全。

硝酸盐是在有氧环境中最稳定的含氮化合物，也是含氮有机化合物经无机化作用最终阶段的分解产物。因此，水中的硝酸氮可指示污染物被分解彻底即被无机化，自净完全。

综上所述，根据水中的三氮的含量就可以综合判断水体自净情况。

实验九　水中总磷的测定

1. 水体中总磷的测定存在哪些影响因素？

答：用钼酸铵分光光度法测定总磷的影响因素较多，主要包括以下几方面：

（1）不可用含磷洗涤剂进行刷洗采样瓶，采样后应立即分析或加盐酸或硫酸至 pH≤2，并在 24 h 内尽快测完。

（2）测定前将水样调至中性。

（3）标准曲线的绘制，无需消解，直接显色。

（4）样品消解后要自然冷却。

（5）水样消解后出现浑浊，对水样显色前过滤并清洗滤纸。

（6）水样消解后有颜色，需加色度补偿液。并从水样的吸光度中扣除校正吸光度。

（7）测定先定容至 50 mL，再加显色剂，应准确移取显色剂。

（8）保证最佳显色温度和显色时间。

（9）测定尽量按照浓度从低到高的顺序测定，减少吸附产生的误差。

2. 测定磷的过程中，如果加入试剂顺序颠倒了，会出现什么结果？

答：如果先加显色剂，即使显色也是物质未还原前的颜色（氧化态的颜色）；还原剂加入前就加缓冲溶液，也许因为 pH 条件的改变而使还原反应不能进行。

实验十　水中溶解氧的测定

1. 在水样中，有时加入 $MnSO_4$ 和碱性 KI 溶液后，只生成白色沉淀，是否还需继续滴定？为什么？

答：有白色沉淀生成说明加入的酸的量不够，酸要足量才能将 KI 氧化生成 I_2，只有白色沉淀生成溶液不变蓝色，说明无单质碘产生，而后面的滴定液是要与质碘反应的（最后为蓝色褪去），因此继续滴定没有意义。（解决方案：应该往沉淀混合液中加稀硫酸使沉淀溶解后，才能继续滴定。）

2. 碘量法测定水中余氯、DO 时，淀粉指示剂加入先后次序对测定有何影响？

答：间接碘量法（本实验采用的方法）在接近终点时加入淀粉指示剂使少量未反应碘和淀粉结合显色有利于终点的观察和滴定精度的提高。提前加淀粉指示剂的话，部分碘已经提前参与反应，淀粉变色将会提前，影响到滴定终点颜色的变化，对滴定终点的判断会产生误差。

3. 当碘析出时，为什么把溶解氧瓶放置 5 min？

答：光照会加速碘的挥发，放置在暗处可以防止碘的挥发。析出碘后不宜放置太久，一般暗处 5 分钟，过久碘会与氧反应。

4. 加入硫酸锰溶液、碱性碘化钾溶液和浓硫酸时，为什么定量吸管必须插入液面以下？

答：加入硫酸锰溶液、碱性碘化钾溶液和浓硫酸时，将移液管尖插入液面之下，慢慢加入，以免将空气中氧带入水样中引起误差。

实验十一　生化需氧量 BOD_5 的测定

1. 此实验需用使溶解氧瓶与碘量瓶，.这两种瓶子有什么相似之处与区别？

答：溶解氧瓶又名水样瓶、污水瓶，用于采集水或其他溶液样品之用，瓶塞下部呈尖形，便于排除气泡，瓶宽口水封能阻止空气渗入，以保证测定准确度。

碘量瓶是带有磨口玻璃塞和水槽的锥形瓶，喇叭形瓶口与瓶塞柄之间形成一圈水槽，槽中加入纯水便形成水封，可防止瓶中溶液反应生成的气体（I_2，Br_2）逸失。

2. 为什么说要重视稀释倍数的确定？如何合理的选择稀释倍数？

答：稀释比的选择就是一个至关重要因素。若选择不当，不仅得不到正确的测定结果，重要的是样品已失去再测定的意义，则需要再次取样，重新测定。

正确的稀释倍数，应使培养后剩余的溶解氧浓度为原始浓度的 1/3 ~ 2/3 之间，或消耗的溶解氧在 2 mg/L 以上，而剩余溶解氧在 1 mg/L 以上。

稀释倍数的确定方法常用的有三种：一种是根据 COD_{cr} 的数值，分别乘以 0.075、0.15、0.225 即为三种稀释倍数，此法对大多数水样选择稀释倍数均有较高的参考价值；二是根据 COD_{Mn} 的数值，分别除以 3、4、5，所得商即为三种稀释倍数；三是根据 BOD_5 的估计值确定稀释倍数。

3. 稀释水及接种液的作用?

答：稀释水的作用的是提供微生物生存需要的氮、磷、铁、镁等营养元素及足够的溶解氧，保证微生物生长的需要。

接种液的作用是像样品中提供合适的微生物以分解有机物。

4. 某些水样在测定生化需氧量时需接种稀释，为什么?

答：对不含或含微生物少的工业废水，如酸性废水、碱性废水、高温废水、冷冻保存的废水或经过氯化处理等的废水，在测定 BOD_5 时应进行接种，以引进能分解废水中有机物的微生物。当废水中存在难以被一般生活污水中的微生物以正常的速度降解的有机物或含有剧毒物质时，应将驯化后的微生物引入水样中进行接种。

实验十二　水中挥发酚的测定

1. 水中挥发酚测定时，一定要进行预蒸馏，为什么?

答：根据水质标准要求，测定的是指挥发酚，因此样品必须经过蒸馏。经蒸馏操作，还可消除色度、浊度和金属离子等的干扰。

2. 当预蒸馏两次，馏出液仍浑浊时如何处理?

答：应先出去水样中的相关干扰离子，铬和铁能与铁氰酸根生成棕色产物而干扰测定可以用离子交换法

3. 水样中在挥发酚测定时，如在预蒸馏过程中，发现甲基橙红色退去，该如何处理?

答：应在蒸馏结束后，放冷，再加 1 滴甲基橙指示剂，如蒸馏后残液不呈酸性，则应重新取样，增加磷酸加入量进行蒸馏。

实验十三　水中苯系化合物的测定

1. 为什么取顶空气体测试就可以测得水样中待测成分的含量?

答：苯系物在饮用水或地表水中的浓度一般较低，在痕量分析之前必须要对样品进行预处理，而顶空法是水样预处理较好的方法，它是通过分析与待测水样相关的气相来获知水样组分信息。该法是将水中挥发性组分分离出来，避免非挥发性组分的干扰，在许多情况下顶空法和气相色谱法联用是分析水中痕量苯系物很有效的方法。

2. 除了采用顶空进样法对水样进行预处理外，还有哪些预处理的方法?

答：除了顶空进样法外，还可以采用液-液萃取法、固相微萃取法、吹扫捕集法、膜分离技术和搅拌棒吸附萃取法对水样进行水处理。

实验十四　水中油的测定

1. 重量法和紫外分光光度法测定水中石油类有何区别与联系?

答：重量法是常用的分析方法，它不受油品中限制。但操作繁杂，灵敏度低，只适于测

定 10 mg/L 以上的含油水样。方法的精密度与操作条件和熟练程度的不同差别很大。

紫外分光光度法操作简单、精密度好、灵敏度高，适用于测定 0.05 ~ 50mg/L 的含矿物油水样。不易用于所含原油种类经常变化的污水，标准油品的取得比较困难，数据可比性较差。

2. 紫外分光光度法中，为什么标准油应采用取样点的石油醚萃取物？

答：由于各种油品中芳烃含量变化较大，采用取样点的石油醚萃取物作为标准油，所制得的标准油来自客观环境具有很好的代表性，能够代表本地区油污染物的组合特征。因此，用此标准油测得样品中油的含量更真实可靠。

3. 为什么要测定空白，测定液扣除的是什么物质的空白？

答：因为石油类不像一般的元素或化合物具有固定的组成，它是各种烃类组成的复杂混合物，如果被测样品中石油类含量较低时，对空白及所用器皿，对实验室甚至实验人员的清洁度有很高的要求。空白是为了消除操作、试剂等因素造成污染的干扰。使用标准加入法，空白和样品同样都是需要加入标准的，最终结果当然需要用样品测试值减去空白测试值。

测定液扣除的“空白”包括试剂和仪器空白。

第三章　大气污染监测

实验十六　大气中二氧化硫的测定

1. 为什么配制亚硫酸钠溶液时亚硫酸钠要先溶解到 0.05 mol/L 的 CDTA-2Na 溶液中？

答：如果亚硫酸钠先溶解到水中，亚硫酸根离子容易被水中 DO 氧化为硫酸根离子，受水及试剂中亚硫酸根离子会受+3 价铁离子的催化。如果亚硫酸钠先溶解 0.05 mol/L 的 CDTA-2Na 溶液中，CDTA-2Na 溶液会掩蔽+3 价铁离子，减慢亚硫酸根离子的氧化速度。

2. 为什么显色反应时，不能把 PRA 溶液直接滴加到 A 管溶液中？

答：显色反应需在酸性溶液中进行，如果把 PRA 溶液滴加到碱性的 A 管溶液中，会使测定的精确性很差，无法进行。应使 A 管溶液以较快的速度倒入 PRA 溶液中，并空干 A 管片刻，使混合液瞬间呈酸性，以利显色反应的进行，提高精密度。

3. 多孔玻板吸收管的作用是什么？

答：用于测定空气中有害物质的含量，主要采集气态、蒸汽态物质，也可采集雾态气溶胶及空气中各种样品，采集效率在 95%以上。

实验十七　大气中氮氧化物的测定

1. 采样过程为什么会发生吸收液倒吸现象？怎么处理？

吸收液倒吸现象主要在短时间（1 h 以内）以 0.4 L/min 流量采样过程中，因吸收液产生大量泡沫从引发吸收液倒吸，这一情况的发生是由于吸收液中存在磺酸根，而磺酸根($R\text{-}SO_3$)为磺酸盐型阴离子表面活性剂，日前被广泛用作洗涤剂、起泡剂、润湿剂、乳化剂和分散剂等，故采样过程中易产生大量泡沫引发吸收液倒吸。解决办法：降低原短时间现场采样流量至不产生倒吸现象或更换采样瓶。

2. 通过实验测定结果，你认为大气中氮氧化物的污染状况如何？

实验十八　大气中甲醛的测定

1. 标定甲醛时，应怎样加入氢氧化钠溶液？

答：标定甲醛溶液时，在摇动下逐滴加入 300 g/L 氢氧化钠溶液，至颜色明显减退，再等片刻，待褪成淡黄色，放置后应褪至无色。若碱量加入过多，则 5.0 mL（1+5）盐酸不足以使溶液酸化。

2. 甲醛检测国家规定的标准分析方法是什么?

答：酚试剂分光光度法、乙酰丙酮分光光度法和气相色谱法。

实验十九　大气中总悬浮颗粒物的测定

1. 滤膜在恒量称重时应注意哪些问题?

答:（1）将样品滤膜放置恒温恒湿箱中。时间不少于 24 h，温度恒定（20±5）°C，湿度恒定（50±5）%RH。

（2）尽量使天平室的温湿度与恒温恒湿箱内的温湿度保持一致，并确保滤膜在采样前后的平衡条件一致。

（3）分析天平在使用前，预热时间不少于半小时，使用干净的刷子清理分析天平的称量室并检查分析天平的基准水平。

（4）称量前打开分析天平屏蔽门，至少保持 1 分钟，使分析天平内的温湿度与外界保持一致。

（5）使用无锯齿状镊子将样品滤膜夹入天平，对样品滤膜进行称量，做好记录。

（6）滤膜首次称量以后，在相同条件下平衡一小时后再次称量，两次称量质量之差应小于 0.04 mg，以两次称量结果的算数平均值作为滤膜称重值。若两次称量质量之差不小于 0.04mg，则滤膜作废。

2. 在采集大气颗粒物如 TSP 时，为什么要准确控制采样流量?

答：一般测每一种大气污染物都有相应的流量控制，包括膜和采样器采样流量都是相互配套使用的。流量过大过小，产生的误差都很大。因为无论是测总悬浮颗粒物还是测可吸入颗粒物都是测污染物的浓度，原理都是空气通过具有相应的采样器，以恒速抽取一定体积的空气，悬浮颗粒物被截留在已恒重的滤膜上，根据采样前后滤膜重量之差及采样体积，可计算浓度。即单位体积内所包含污染物的质量数。采样体积即是流量乘以时间。流量一般分为大流量，中流量，小流量采样法。如果流量控制不好，产生变化，不仅影响采样体积，而且影响采集效率，影响最终结果。所以，为了准确测得 TSP，我们必须准确控制流量。

3. 参照国家环境影响评价技术导则与标准，分析各功能区 TSP 达标情况，并说明超标原因。

答：略。

实验二十　大气中可吸入颗粒物（PM_{10}和 $PM_{2.5}$）的监测

1. 试分析 $PM_{2.5}$和 PM_{10}的区别?

答：$PM_{2.5}$指环境空气中空气动力学当量直径小于等于 2.5 μm 的颗粒物，也称细颗粒物、可入肺颗粒物。$PM_{2.5}$产生的主要来源是日常发电、工业生产、汽车尾气排放等过程中经过燃烧而排放的残留物，大多含有重金属等有毒物质。一般而言，$PM_{2.5}$主要来自化石燃料的燃烧，如机动车尾气、燃煤等，除此之外还有一些挥发性有机物。

PM_{10}是空气动力学当量直径小于等于 10 μm 的可吸入颗粒物，指漂浮在空气中的固态和液态颗粒物的总称。PM_{10}能够进入上呼吸道，但部分可通过痰液等排出体外，另外也会被鼻腔内部的绒毛阻挡。PM_{10}来自污染源的直接排放，比如烟囱与车辆。另一些则是由环境空气中硫的氧化物、氮氧化物、挥发性有机化合物及其他化合物互相作用形成的细小颗粒物，它们的化学和物理组成依地点、气候、一年中的季节不同而变化很大。PM_{10}通常来自在未铺沥青、水泥的路面上行使的机动车、材料的破碎碾磨处理过程以及被风扬起的尘土。

2. 试根据测定结果分析所测点 $PM_{2.5}$ 和 PM_{10} 是否超标，并分析原因。

第四章　土壤及生物污染监测

实验二十一　土壤中氟的测定

1. 加入总离子强度缓冲液的作用是什么?

答：保持溶液中总离子强度，并络合干扰离子，保持溶液适当的 pH 值。

3. 土壤氟离子测定会受那些离子干扰?

答：常见的 Al^{3+}、Fe^{3+}对测定有严重干扰，Ca^{2+}、Mg^{2+}、Si^{4+}、Zr^{4+}、Th^{4+}、Ce^{4+}、Sc^{3+}及H^{+}等多数阳离子也有一定的干扰，其干扰程度取决于这些离子的种类和浓度，氟化物的浓度和溶液的 pH 等。由于电极对 F^{-}的选择能力只比 OH^{-}大近 10 倍，显然 OH^{-}是氟电极的重要干扰离子。其他一般常见的阴阳离子均不干扰测定。

实验二十二　土壤中铜、锌、镉的测定

1. 原子吸收分光光度分析为何要用待测元素的空心阴极灯做光源？能否用氢灯或钨灯代替，为什么?

答：不能代替。原子吸收光谱的原理就是待测样品中的金属原子吸收了特定波长的光，导致了光度变化，由此来定量的。这个特定波长指的就是这种金属原子的特征 X 射线，对每种金属元素都是唯一的。如果不是待测元素的空心阴极灯发射的特征 X 射线，那是不会被吸收的。

2. 火焰原子吸收光度法主要用哪些方法消除化学干扰?

答：（1）加入释放剂。（2）加入保护剂。（3）加入助熔剂。（4）改变火焰的性质。（5）预分离。

实验二十三　水中总大肠杆菌的测定

1. 为什么要选择大肠菌群作为水源被肠道病原菌污染的指示菌?

答：水的大肠菌群数是指 100 mL 水检样内含有的大肠菌群实际数值，以大肠菌群最近似数（MPN）表示。在正常情况下，肠道中主要有大肠杆菌、粪链球菌和厌氧芽胞杆菌等多种细菌。这些细菌都可随人畜排泄物进入水源，由于大肠菌群在肠道内数量最多，所以，水源中大肠菌群的数量，是直接反映水源被人畜排泄物污染的一项重要指标。目前，国际上已公认大肠菌群的存在是粪便污染的指标。因而对饮用水必须进行大肠菌群的检查。

2. EMB 培养基含有哪几种主要成分？在检查大肠菌群时，各起什么作用?

答：EMB 培养基主要包含以下几种物质：蛋白胨，乳糖，蔗糖，磷酸二氢钾，伊红 Y，美蓝，蒸馏水。EMB 培养基的机制就是靠微生物在发酵过程中，使培养基发生分解，产生大量的氢离子，从而改变培养基的 pH，由于提前添加的指示剂，在 pH 值的改变下，就会发生颜色的变化，从而鉴定生长的菌种。在检测大肠菌群的时候，蛋白胨提供了氮源，磷酸二氢钾提供了磷元素和钾元素，

3. 经检查，水样是否合乎饮用水标准?

答：略。

实验二十四　水中细菌总数的测定

1. 做空白对比的作用？

答：（1）为了验证实验前的准备灭菌是否有效；

（2）检验实验步骤中是否操作不当引起的污染，如果空白有菌落说明实验失败，结果不可信，最好重做。

2. 为什么要把培养皿倒置培养？

答：（1）操作时培养皿盖上可能蘸有水珠或者细菌，倒置培养可以避免培养皿盖上的水珠或者微生物落在培养皿上。

（2）培养过程中，细菌在代谢繁殖过程中会产生一些有害于细菌生长繁殖的代谢物，释放热量及有水排出，如果不倒置培养会有水珠滴落到培养基中，影响菌落的生长。

3. 为什么营养琼脂培养基在使用前要保持在 45 °C 左右的温度？

答：操作时培养皿盖上可能粘有水珠或者细菌，同时培养过程中，细菌在代谢繁殖过程中会产生一些有害于细菌生长繁殖的代谢物，释放热量及有水排出，倒着培养可以避免培养皿盖上的水珠或者微生物落在培养基上。

4. 从自来水的细菌总数结果来看，是否合乎饮用标准？

答：略。

第五章　物理性污染监测

实验二十五　环境噪声监测

1. 影响噪声测定的因素有哪些？如何注意？

答：影响噪声测定的因素及避免方法有：

（1）风 ——给传声器带上防风罩。

（2）传声器的高度 ——离地面的高度为 1.2 m。

（3）测量者离话筒的远近 ——至少 50 cm。

2. 根据监测结果及所在地区的噪声执行标准分析所测点噪声是否超标？并分析超标原因。

答：略。

附录 2　环境监测实验综合复习题

一、填空题

1. 漂浮或浸没的不均匀固体物质不属于________，应从水样中_______。

2. 通常各种固体含量的测定结果与测定_______有很大关系，水质中的悬浮物是截留在_______μm 滤膜上在_______ °C 下蒸发至干为标准。

3. 残渣分为_______、_______和悬浮固体_______三种。

4. 水环境分析方法国家标准规定色度是测定经______澄清后样品的颜色。______对颜色有较大影响，在测定颜色时应同时测定______。在报告样品色度的同时报告______。

5. 色度的测定有________法和__________法。

6. 我国采用 lL 蒸馏水中含有 1 mg_________所产生的浊度为 1 度。

7. 浊度是表现水中_____对光线透过时所产生的阻碍程度。相当于____一定粒度的硅藻土在 1 000 mL 水中所产生的浊度，称为 1 度。

8. 测定浊度的方法有__________法、_________法和________________法。

9. 铂钴比色法适用于______、______、______、______等。稀释倍数法适用于______和______。

10. 铂钴比色法色度标准溶液放在______玻璃瓶中，存放于______，温度不能超过______。

11. 铂钴比色法结果的表示以色度的______报告与试料______，在 0 ~ 40 度的范围内，准确到______。40 ~ 70 度范围内，准确到______。

12. 采样时所用与样品接触的玻璃器皿都要用______或______加以清洗，最后用______、______。

13. 水体的真色是指除去________后水的颜色。

14. 水色分为______和_____，其中水样的色度一般是指_____。

15. 水的颜色常用的测定方法有______、______。

16. 每升水中含有______铂和______钴时所具有的颜色，称为 1 度，作为标准色度单位。

17. 总磷包括______、______、______和______磷。

18. 在天然水和废水中，磷几乎以各种磷酸盐形式存在，它们分别为______、______和______。

19. 水环境分析方法国家标准规定了钼酸铵分光光度法，是用______为氧化剂，将______的水样消解，用______测定总磷。

20. 过硫酸钾消解在______条件下进行。

21. 测定总磷时，采集水样应加______，至 pH______保存。测定溶解性正磷酸盐时，不加任何试剂，在______ °C 保存，24 小时内分析。

22. 总磷测定中，操作所用的玻璃器皿，均应用______或______浸泡。不应用含______的洗涤剂刷洗。

23. 比色皿用后应以______或______浸泡片刻，以除去吸附的钼兰呈色物。

24. 钼酸铵分光光度法中，如试样中浊度或色度影响测量吸光度时，需做______，所加溶液由 2 体积（1 + 1）硫酸和______组成。

25. 我国目前测定水样通常用______法、______法和______法。

26. 浊度测定时，样品收集于______瓶内，应在取样后______测定。如需保存，可在______保存______，测试前______恢复到______。

27. 分光光度法适用于测定______、______的浊度，最低检测浊度为______度。

28. 目视比浊适用于测定______、______的浊度，最低检测浊度为______度。

29. 我国采用 lL 蒸馏水中含有 1 mg________所产生的浊度为 1 度。

30. 目视比浊法是以瓶后放一________作为判别标志，从________观察，根据目标清晰程度，选出与水样产生视觉效果相近的标准液，记下其浊度值。

31. 测定亚硝酸盐的水样应用________或________瓶采集。采集后要尽快分析，不要超过________小时，若需短期保存，可以在每升水样中加入________并保存于________。

32. 水中亚硝酸盐很不稳定，采样后应尽快分析，必要时以冷藏抑制________的影响。

33. 测定亚硝酸盐氮的水样中有悬浮物和颜色，需加________和________消除。若仍有颜色，则应进行________校正。

34. 用重氮偶联反应测定水中亚硝酸盐的干扰物质为________。

35. N-（1-萘基）-乙二胺光度法测定亚硝酸盐氮，采用光程长为 10 mm，测试体积为 550 mL，以吸光度 0.01 单位所对应的浓度值为最低检出浓度。此值为________mg/L，测定上限为________mg/L。

36. 如若摄入亚硝酸盐后，经肠道中微生物作用转变成________，出现毒性作用，国家生活饮用水卫生标准中 NO_3-N 含量限制在________mg/L 以内。

37. 分光光度法测定水中亚硝酸盐氮，通常是基于重氮–偶联反应，生成________染料。常用的重氮–偶联试剂有________和________。

38. 测定亚硝酸盐氮的水样，如水样 pH 大于 10，应以__________作指示剂，滴加________溶液至________消失。

39. 亚硝酸盐测定中，水样如有颜色和悬浮物，可以每 100 mL 水样中加入 2 mL________搅拌，静置过滤。

40. 我国测定水中溶解氧的标准分析方法是______和______。我国《地面水环境质量标准》中溶解氧的Ⅱ类标准值是______。水中溶解氧低于_____时，许多鱼类呼吸困难。

41. 碘量法测定溶解氧的实验中，水样采集后应加入_____和____以固定溶解氧。

42. 水中溶解氧的测定通常采用______及其______和______。清洁水可直接采用______测定。大部分受污染的地面水和工业废水，必须采用______和______。

43. 碘量法是测定水中溶解氧的______方法。在没有干扰的情况下，此方法______各种溶解氧浓度______和______的水样。

44. 碘量法测定溶解氧，如果水样中含有氧化性物质如______大于______时，应预先于水样中加入______除去。若水样呈强酸性或强碱性，可用__________调至______测定。

45. 对于溶解氧含量______，有机物含量______的地面水，可不经稀释，而直接采用______将 20 °C 的混合水样转移至两个溶解氧瓶内，转移过程中应注意不使其产生______。以同样的操作使两个溶解氧瓶充满水样后溢出少许，加塞水封（瓶内不应有气泡）。立即测定其中一瓶溶解氧，将另一瓶放入培养箱中，在___ °C 培养______后，测其溶解氧。

46. 铬的毒性与其存在的状态有极大的关系。________价铬具有强烈的毒性，它的毒性比三价铬高 100 倍。

47. 在水体中，六价铬一般是以________、________、______三种阴离子形式存在。

48. 六价铬与二苯碳酰二肼反应时，显色酸度一般控制在________，以________时显色最好。显色前，水样应调至中性。________和________对显色有影响。

49. 当水样中铬含量>1 mg/L（高浓度）时，总铬的测定可采用____________法。

50. 测定铬的玻璃器皿（包括采样的），不能用______________________洗涤，可用________________洗涤。

51. 水中铬的测定方法主要有________、________、________、________等。

52. 测定水中总铬，是在________条件下，用________将________，再用________显色测定。

53. 测定六价铬的水样，如水样有颜色但不太深，可进行________。混浊且色度较深的水样，用________预处理后，仍含有有机物干扰测定时，可用________破坏有机物后再测定。

54. 测定六价铬的水样，在________条件下保存，置于冰箱内可保存________天。

55. 如测总铬，水样可用________或________采集后，加入硝酸调节 pH 小于________；如测六价铬，水样采集后，加入氢氧化钠调节 pH 约为________。

56. 分光光度法测定六价铬的干扰有：________________、________________、________________、________________、________________等。

57. 工业废水中铬的价态分析实验中，Fe^{3+}的干扰可加入_______ 来消除，V^{5+}与显色剂生成的干扰物可通过________________的方法消除。

58. 4-氨基安替比林是测______的显色剂，测六价铬的显色剂是______。

59. 化学需氧量（以下简称 COD）是指在一定条件下，用________消解水样时，所消耗的________的量，以________表示。

60. 对于工业废水，我国规定用________测定 COD，其值用________表示。

61. 若将 COD 看作还原性物质的污染指标，则除________以外的无机还原性物质均包括在内；如将 COD 看作有机污染指标，则将________、________、________等无机还原物质的耗氧量去除。

62. 高锰酸盐指数是指在一定条件下，以________为氧化剂，处理水样时所消耗的量，以________表示。

63. 测定高锰酸盐指数时，水中的________、________、________等还原性无机物和在此条件下可被氧化的________均可消耗 $KMnO_4$。高锰酸盐指数常被作为水体________污染程度的综合指标。

64. 高锰酸盐指数测定方法中，氧化剂是________，一般应用于________、________和________，不可用于工业废水。

65. 测定高锰酸盐指数的水样采集后，应加入_______，使 pH < 2，以抑制微生物的活动，样品应尽快分析，必要时应在______冷藏，并在______小时内测定。

66. 用于测定 COD 的水样，在保存时需加入________，使 pH________。

67. 水中亚硝酸盐对测定 COD 有干扰，应加________进行消除。

68. $K_2Cr_2O_7$ 测定 COD，滴定时，应严格控制溶液的酸度，如酸度太大，会使

______________。

69. 在酸性条件下测定高锰酸盐指数，$KMnO_4$ 滴定 $Na_2C_2O_4$ 的反应温度应保持在_______，所以滴定操作要_______进行。

70. 重铬酸盐法测定化学需氧量时，水样须在_____性介质中，加热回流_____ h。

71. COD_{Cr} 的测定中，若 COD 值大于 50 mg/L，应用______ mol/L 的重铬酸钾溶液，回滴时应用_____ mol/L 的硫酸亚铁铵；若 COD 值在 5 ~ 50 mg/L，应用_____ mol/L 的重铬酸钾溶液，回滴时应用_____ mol/L 的硫酸亚铁铵。

72. COD_{Cr} 的测定中，从冷凝管上口慢慢地加入 30 mL_____溶液，加热回流 2 h（自开始沸腾时计时），或加入 30 mL_______________溶液，可回流 25 min。

73. COD_{Cr} 的测定中，回流冷却后，用 90 mL 水冲洗冷凝管壁，取下锥形瓶。溶液总体积不得少于_____，否则因酸度太大，滴定终点不明显。

74. COD_{Mn} 的测定中，分取 100 mL 混匀水样于 250 mL 锥形瓶中，加入 5 mL（1 + 3）硫酸，混匀后用滴定管加入 10.00 mL 0.01 mol/L 高锰酸钾溶液，摇匀，立即放入_____中加热_____（从水浴重新沸腾起计时）。沸水浴液面要高于反应溶液的液面。

75. 氯离子不能被重铬酸钾氧化，并且能与硫酸银作用产生沉淀，影响测定结果，故在回流前向水样中加入_____，使其成为络合物以消除干扰。

76. 我国《生活饮用水卫生标准》中，氟的标准限量为_______ mg/L。

77. 测定水中氟化物，国家标准分析方法有_________________________________、_________________________、_________________________。

78. 测定氟的水样应使用_______采集和储存水样。若水样中氟化物含量不高、pH 值在 7 以上，也可以用_______储存。

79. 电极法测定的是_______氟离子浓度，某些高价阳离子（例如_______、_______和_______）及氢离子能与氟离子络合而有干扰，测定溶液的 pH 值应控制在_______。

80. F^-选择电极的氟电极对_______不响应，如果水样中含有氟硼酸盐或者污染严重，则应先进行蒸馏。

81. 电极法测定水中氟化物时，以_________为指示电极，_________为参比电极为_____传感膜组成电化学电池，当溶液__________一定时，其电动势与氟离子浓度的对数呈线性关系。

82. 电极法测氟化物常用_____________法和_____________法，清洁水样可用前法，组分复杂未经处理污染水样宜用_____________法。

83. 影响电极法测氟精度的主要因素是_______，测定时应保证各份溶液的湿度一致，读数应在电位显示值稳定一并在_______情况下进行，每测一份溶液应用_______冲洗电极，直到共电位_______后方可测量一份溶液。

84. 离子选择电极法测定天然水中 F^-的实验中，作标准曲线时，横坐标是______，纵坐标是_____。当溶液离子强度一定时，其电动势与_________呈线性关系。

85. 我国环境监测中国家标准推荐测定水中硝酸盐氮的方法___________法。

86. 硝酸盐氮测定中，水样采集后应______测定。必要时，应加______使 pH______，保存在______ °C 以下，在______内进行测定。

87. 酚二磺酸光度法测定水中硝酸盐氮，当水样中亚硝酸盐氮含量超过 0.2mg/L 时，可取______水样，加入____________________，混匀后，滴加______至淡红色，保持15分钟不褪为止，使亚硝酸盐氧化为硝酸盐，最后从硝酸盐氮测定结果中减去亚硝酸盐氮量。

88. 若水样中含有氯离子较多（10mg/L），用酚二磺酸法测定硝酸盐氮，会使测定结果______，可以加入____________________使生成______后过滤除去。

89. 酚二磺酸光度法测定 NO_3^--N 时，常见的干扰有______、______、______、______和______。

90. 酚二磺酸法测定水中硝酸盐氮，须注意水样置于______上蒸干，为使反应完全必须______。去除 Cl^- 干扰时，严禁______过量。

91. 制备酚二磺酸试剂时，如果用发烟硫酸则在沸水浴中加热____小时，如用浓硫酸应加热____小时。制备好的酚二磺酸应储存于______瓶中，保存时注意____________________否则使测定结果偏低。

92. BOD_5 是指在规定条件下，______分解存在水中的某些可氧化物质，特别是有机物所进行的______过程中消耗______的量。此过程进行的时间很长。如在______°C 培养______天，分别测定样品培养前后的______，两者之差即为 BOD_5 值，以______表示。

93. 生化需氧量的经典测定方法是______，本方法适用于测定 $BOD_5 \geq 2$ mg/L、最大不超过 ______的水样，当其 BOD_5 大于______，会因稀释带来一定误差（仍可用）。

94. 对某些含有较多有机物的地面水及大多数工业废水，需要稀释后再培养测定 BOD_5，以降低其浓度和保证有充足的______。稀释的程度应使培养中所消耗的溶解氧大于______，而剩余的溶解氧在______以上，耗氧率在______之间为好。

95. 在进行 BOD_5 试验时，为了检查稀释用水，接种液和试验人员的技术水平，可用______和______各 150 mg/L 的标准溶液为控制样品，其 BOD_5 范围为______mg/L。

96. 测定 BOD_5 所用稀释水，其 BOD_5 应小于______，接种稀释水的 BOD_5 应为______，接种稀释水配制后应______。

97. BOD_5 稀释水的水温应控制在______ °C，溶解氧含量应达到______mg/L 左右，临用前每升水中加入______、______、______和______各 1mL，并混合均匀，稀释水的 pH 应为______，其 BOD_5 应为______。

98. 在两个或三个稀释比的样品中，凡消耗溶解氧大于______和剩余溶解氧大于______时，计算结果应取______，若剩余的溶解氧______甚至为 0 时，应______。

99. 测定水样的 BOD_5 时，如其含量<4 mg/L，可以______测定，经五天培养后消耗溶解氧______mg/L，剩余溶解氧______mg/L 为宜。

100. 测定生化需氧量主要是含______有机物被氧化的过程，对含有大量硝化细菌的水样，应加入______抑制______过程。对含有难降解有机物的废水，测定生化需氧量时，需进行微生物的______处理。

101. 测定水样的 BOD_5 时，从水温较高的水域或废水排放口取得的水样，则应迅速使其冷却至______左右，并充分______使与空气中氧分压接近平衡。

102. 水中氨氮是指以________或________形式存在的氮。常用的测定方法有________、________和__________方法。

103. 纳氏试剂分光光度法测定水中氨氮时，为除去水样色度和浊度，可采用和______方法。水样中如含余氯，可加入适量______；金属离子干扰可加入________去除。

104. 纳氏试剂是用__________、__________和__________试剂配制而成，其中__________和__________的比例对显色反应的灵敏度影响较大。配好的纳氏试剂要静置后取__________液，储存于聚乙稀瓶中。

105. 用纳氏剂光度法测定水中氨氮的原理是：氨与______和______的碱性溶液反应，生成______化合物，测定波长采用______ nm。

106. 用分光光度法测氨氮，当水样污染较重需进行预蒸馏，馏出液用____吸收。

107. 通常认为沸点在__ °C 以下的为挥发酚（属一元酚），而沸点在__ °C 以上的为不挥发酚。

108. 水质标准和污水综合排放标准中的挥发酚指______。4-氨基安替比林法适用于饮用水，地面水、地下水和工业废水中挥发酚的测定，当挥发酚浓度≤0.5 mg/L 时，采用__________法，浓度>0.5 mg/L 时，采用__________法。

109. 含酚水样不能及时分析可采取的保存方法为_________，保存在 10 °C 以下，储存于_________当中，可抑制_________作用。

110. 溴化容量法测定苯酚，在滴定中出现的白色沉淀是__________。

111. 环境空气质量标准中二氧化硫污染物所使用的浓度单位是 _________ ，所采用的标准分析方法_________，_________。

112. 甲醛吸收-副玫瑰苯胺分光光度法适用于__________中二氧化硫的测定。当用__________吸收液采样_____时，本法测定下限为________；当用________吸收液连续 采样________时，空气中二氧化硫的测定下限为_______。

113. 短时间采样：根据空气中二氧化硫浓度的高低，采用内装_______吸收液的_____吸收管，以______的流量采样。采样时吸收液温度的最佳范围在_____。

114. 国家颁布的测定水中苯系物的标准方法_________，适用于_________及________中________、__________、________、_________、_______、_______、_______、_________8 种苯系物的测定。

115. 二硫化碳萃取气相色谱法测定水中苯系物中，制备标准样品时，也可以先配成较高浓度的_________作为储备液。由于_________及________的_________较强、_________，必须在___________中进行上述操作。

116. 顶空样品制备是准确分析样品的重要步骤之一，如振荡时______________、____________及________等都会使分析误差增大。如需第二次进样时，要重新__________。当温度等条件变化较大时，需对校准曲线进行_____。进样时所用的注射器应预热到_______样品温度。

117. 气相色谱法测定水中苯系物，水样可以用_______、______和吹扫捕集等预处理方式。

118. 自 2011 年 11 月 1 日起实施的《环境空气 PM_{10} 和 $PM_{2.5}$ 的测定重量法》将飘尘改为________（PM_{10}），指的是环境空气中空气动力学当量直径≤______ μm 的颗粒物。

119. $PM_{2.5}$ 指环境空气中空气动力学当量直径≤________μm 的颗粒物，也称_______ 。

120.《环境空气 PM_{10} 和 $PM_{2.5}$ 的测定重量法》标准对 PM_{10} 采样器性能指标进行了修改，将切割粒径 Da_{50}=（10±1）μm 改为 Da_{50}=（10± _________）μm；捕集效率的几何标准差 σg ≤1.5 改为 σg=（1.5±_________）μm。全部性能指标要求符合《_____________________》

（HJ/T 93-2003）中的规定。

121.《环境空气 PM_{10} 和 $PM_{2.5}$ 的测定重量法》标准中滤膜要求：根据样品采集目的可选用__________、________等有机滤膜或聚氯乙烯、聚丙烯、混合纤维素等有机滤膜。滤膜对________μm 标准粒子的截留效率不低于 99%。

122. 紫外光度法测定废水中的油，如果石油醚纯度较低或缺乏脱芳烃条件，也可采用已烷作萃取剂。把已烷进行重_____后使用或用_____洗涤_____次，以除去_____杂质。以水作参比，于波长_____nm 处测定其_____应大于_____方可使用。

123. 紫外光度法测定的油是指_____于_____中而收集到的_____物质，包括被_____从酸化的样品中_____并在测定过程中_____的所有物质。

124. 标准油制备，用经_______并_______过的_______石油醚，从待测水样中_______油品，经无水_____脱水_____后，将_____置于______ °C 水浴上蒸出石油醚，然后置于______ °C 恒温箱内赶尽残留的________，即得标准油品。

125. 测定总悬浮颗粒物常采用__________法。采样器按采样流量可分为________、________、________采样器。采样器按采样口抽气速度规定为_________m/s，单位面积滤膜在 24 小时内的气体量应为________。

126. 采集大气总悬浮颗粒物时，通常用____滤膜，同时应注意滤膜的_____向上。

127. 采集 TSP 时，采样前将滤膜放在干燥器______小时，用感量优于_____ mg 的分析天平称重后，放回干燥器_____小时再称重，两次重量之差不大于______ mg 即为恒重。将恒重好的滤膜，用_____放入洁净采样夹内的滤网上，牢固压紧至______。如果测定任何一次浓度，__________________；如果测定日平均浓度，样品采集在__________。

128. 粪大肠菌群是_______一部分，用粪大肠菌群作为卫生学指标比用_____更有________。目前，粪大肠菌群被认为是受粪便污染的最实用的_________。

129. 检测大肠菌群时作发酵试验用的培养基，是由______、_____、_____、_____等配制而成的，调节 pH 为_____，应在______灭菌_________。

130. 为了区别存在于_______中的大肠菌群和存在于_______的大肠菌群，可将培养____________，在此种条件下仍能_____并使________，则称为粪大肠菌群。

131. 进行复发酵试验时，用 3 mm_______或灭菌棒将______转接到_______培养液中。在______培养______。培养后观察发酵管________表明确信__________。

132. EC 培养液的配比是：胰胨______，乳糖______，氯化钠______，磷酸二氢钾_______，胆盐三号__________，磷酸氢二钾______，溶解于_________蒸馏水中。在___________15min，灭菌后______应为_______。

133. 配制培养基的主要程序为：_________、_________、_________、_________、_________、_________、_________等步骤。

134. 无菌性试验就是每次试验时要以_______为水样，检查_______、_________、_______、_______、_______和其他器具的_________。如检查结果表明有杂菌污染，则应________________，重取水样检验。

135. 对细菌污染严重的水体样品，如果在初发酵试验中未发现产气，则应_________小时，然后再进一步证实________________________。

136. 玻璃器皿灭菌一般采用__________________和_________方法。

137. 图 1 是大气采样器组成结构图，请指出各部分名称。

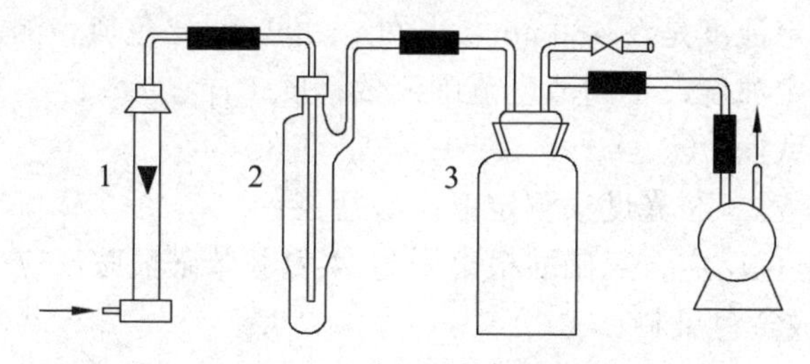

图 1　采样器组成部分

（1）________________　　（2）________________　　（3）________________

138. 监测环境噪声要求在__________的时间，声级计应保持传声器膜片清洁，风力在________必须加风罩（以避免风噪声干扰），________大风应停止测量。

139. ________、________和__________等项目测定时，采样时水样必须注满容器。

140. 下列符号所代表的意义：BOD_5______、TOC______、DO______、COD_{Cr}________、TSP________。

141. 水样预处理的两个主要目的分别是_______、________。

二、判断题（正确的打√，错误的打×）

1. 铂钴比色法与稀释倍数法可以同时使用，两者没有可比性（　）。

2. 铂钴比色法是将样品采集在容积至少 500 mL 的玻璃瓶内（　）。如果必须储存，则将样品储存于暗处。在有些情况下还要避免样品与空气接触（　）。同时要避免温度的变化（　）。

3. 样品和标准溶液的颜色色调不一致时，国家标准水质色度的测定方法也可以使用（　）。

4. 铂钴比色法测定色度，配制色度标准溶液是将储备液用蒸馏水或去离子水稀释到一定体积而得（　）。

5. 总磷消解只可能采用过硫酸钾消解。（　）

6. 水样采集后，立即经 0.45 μm 滤膜过滤，其滤液消解供可溶性正磷酸盐的测定。（　）

7. 钼酸铵分光光度法测定水中总磷，水样用压力锅消解时，锅内温度可达 120 °C。（　）

8. 砷对钼酸铵分光光度法有干扰，用硫代硫酸钠不会消除其干扰。（　）

9. 测定水中总磷时，水样要在微碱性条件下保存才能防止水中磷化合物的变化。（　）

10. 如果采样时测磷水样用酸固定，则用过硫酸钾消解前将水样调至中性。（　）

11. 含有有机物的水样的消解采用硝酸-高氯酸消解法时，总要先用硝酸处理，而后使用高氯酸完成消解过程。（　）

12. 配制钼酸铵溶液时，应注意将硫酸溶液徐徐加入钼酸铵溶液中，如操作相反，则可导致显色不充分。（　）

13. 消解测磷水样时，如用硫酸保存水样。当用过硫酸钾消解时，需先将试样调至中性。（　）

14. 测磷水样，可用塑料瓶或玻璃瓶保存。（　）

15. 无浊度水是将蒸馏水通过 0.4 μm 滤膜过滤，收集于用滤过水荡洗两次的烧瓶中。（　）

16. 测定水样浊度超过 100 度时，可酌情少取，用水稀释到 50.0 mL，用分光光度法测定。

(　)

17. 分光光度法测定浊度是在 480 nm 波长处，用 3 cm 比色皿，测定吸光度。(　)

18. 分光光度法测定浊度，不同浊度范围读数精度一样。(　)

19. 硫酸肼有毒、致癌！(　)

20. N -（1-萘基）-乙二胺光度法测定亚硝酸盐氮：

（1）是重氮偶联显色反应，亚硝酸根离子与 4-氨基苯磺酰胺反应生成重氮盐，再与 N-（1 -萘基）-乙二胺生成黄色染料；(　)

（2）反应在碱性溶液中进行；(　)

（3）测定波长是 540 nm；(　)

（4）实验用水均为无亚硝酸盐的二次蒸馏水。(　)

21. 测定 DO 时，在水样有色或有悬浮物的情况下采用明矾絮凝修正法。(　)

22. 水样中亚硝酸盐含量高，要采取高锰酸钾修正法测定溶解氧；若亚铁离子含量高，则要采用叠氮化钠修正法测定溶解氧。(　)

23. 用碘量法测定水中溶解氧，在水样采集后，不需固定。(　)

24. 配制硫代硫酸钠标准溶液时，加入 0.2 g 碳酸钠，其作用是使溶液保持微碱性，以抑制细菌生长。(　)

25. 分光光度法测定水中六价铬，二苯碳酰二肼与铬的络合物在 470nm 处有最大吸收。(　)

26. 分光光度法测定六价铬，氧化性及还原性物质，如：ClO^-、Fe^{2+}、SO_3^{2-}、$S_2O_3^{2-}$ 等，以及水样有色或混浊时，对测定均有干扰，须进行预处理。(　)

27. 六价铬与二苯碳酰二肼反应时，显色酸度一般控制在 0.05 ~ 0.3 mol/L($1/2H_2SO_4$)。显色酸度高时，显色快，但色泽不稳定。(　)

28. 六价铬与二苯碳酰二肼生成的有色络合物的稳定时间，与六价铬的浓度无关。(　)

29. 一般清洁地面水可直接用高锰酸钾氧化后测定总铬。(　)

30. 对含大量有机物的水样，需进行消解处理测定总铬。(　)

31. 在重铬酸钾法测定 COD 的操作中，回流结束并冷却后，加入试亚铁灵试剂，用硫酸亚铁铵标准溶液滴定，使溶液颜色由褐色经蓝绿色刚变为黄色为止。记录读数。(　)

32. 在 $K_2Cr_2O_7$ 法测定 COD 的回流过程中，若溶液颜色变绿，说明水样的 COD 适中，可继续进行实验。(　)

33. 在酸性条件下，$K_2Cr_2O_7$ 可氧化水样中全部有机物。(　)

34. 当氯离子含量较多时，会产生干扰，可加入 $HgSO_4$ 去除。(　)

35. COD_{Cr} 的测定结果应保留三位有效数字。(　)

36. COD_{Mn} 的测定中，在水浴中加热完毕后，溶液仍应保持淡红色。(　)

37. 酚二磺酸法测定 NO_3^--N，测定过程中，蒸发的操作是吸取 50.0 mL 经预处理的水样于蒸发皿中，置于水浴上蒸干。(　)

38. 酚二磺酸法测定 NO_3^--N，水样蒸干后，加入酚二磺酸试剂，充分研磨使反应完全。(　)

39. 用酚二磺酸法测定水样中 NO_3^--N 时，可加 3 ~ 5 mL 氨水显色。(　)

40. 用酚二磺酸法测定含 Cl^-58 mg/L 的中等硬度地面水中的硝酸盐含量，需加 $AgNO_3$ 全部除去 Cl^-。(　)

41. 紫外法测定水中硝酸盐氮，需在 250 nm 波长和 300 nm 波长处测定吸光度，以校正硝酸盐氮值。(　)

42. 制备硝酸盐氮标准曲线时，将一定量标准溶液预先一次统一处理（蒸干、加酚二磺酸充分研磨，转入容量瓶内定容）备用。(　)

43. 在冬天气温较低，一般采集的较清洁地面水的溶解氧，往往是过饱和的，这时无须处理就可立即进行 BOD_5 测定。(　)

44. BOD_5 的试验是基于溶解氧的测定。(　)

45. 在测定一般城市污水的 BOD_5 时，通常不必接种 (　)

46. 对于某些天然水中溶解氧接近饱和，BOD_5 小于 4 mg/L 的情况，水样必须经稀释后才能培养测定。(　)

47. 为检查稀释水、接种液或分析质量，可用相同浓度的谷氨酸和葡萄糖溶液，等量混合，作为控制样品。(　)

48. 测定 BOD_5 用的稀释水中加入营养物质的目的是为了引入微生物菌种。(　)

49. 测定某清洁地面水的 BOD_5，当日测得溶解氧为 8.46 mg/L，培养五天后的溶解氧含量为 1.46 mg/L，其水样的 BOD_5 值为 7 mg/L。(　)

50. 水中存在的 NH_3 或 NH_4^+ 两者的组成比取决于水的 pH 值。当 pH 偏高时，游离氨的比例较高。反之，则铵盐的比例为高。(　)

51. 通常所称的氨氮是指有机氨化合物、铵离子和游离态的氨。(　)

52. 氨氮含量较高时，可采用蒸馏-酸滴定法。(　)

53. 电极法测氨氮时通常需要对水样进行预处理。(　)

54. 碘化汞和碘化钾的碱性溶液与氨反应生成淡红棕色胶态化合物，其色度与氨氮含量成正比。(　)

55. 由测得的氨氮吸光度，减去零浓度空白管的吸光度后，得到校正的氨氮吸光度。(　)

56. 蒸馏-中和滴定法适用于任何水样氨氮的测定。(　)

57. 当测定挥发酚的试样中，共存有还原性物质或芳香胺类的物质时，可在 $pH<0.5$ 的介质中蒸馏以减小其干扰。(　)

58. 如果水样中不存在干扰物时，测定挥发性酚的预蒸馏操作可以省略。(　)

59. 4-氨基安替比林与各类酚反应形成红色的安替比林色素。(　)

60. 测定挥发酚的 NH_3-NH_4Cl 缓冲液的 pH 不在 10.0±0.2 范围内，可用 HCl 或 NaOH 调节。(　)

61. 60 ~ 90 °C 馏份石油醚需进行脱芳烃。(　)

62. 重质油选用较大波长测试，轻质油选用较小波长测试。(　)

63. 测定石油醚透光率是在 254 nm 波长下进行的。(　)

64. 六价铬能使二氧化硫测定结果偏高。(　)

65. 二氧化硫测定中，氢氧化钠固体试剂及溶液易使试剂空白值升高。(　)

66. 二氧化硫测定中，为消除氮氧化物的干扰，需加入氨磺酸钠，也可用氨基磺酸铵代替。(　)

67. 在同样条件下，用三台采样器同时测定大气中的 PM10，测定结果分别为 0.17、0.18、0.22 mg/m^3 表明采样器的性能指标是符合要求的。(　　)

68. 用二台采样器同时测定大气中的 TSP，采样器之间的距离为 2.8 米，测定结果分别为 0.17、0.23 mg/m^3，经判断测定结果是可靠的。(　　)

69. 培养细菌的玻璃器皿，应先经高压蒸汽灭菌，趁热倒出培养基，用热肥皂水或洗涤剂刷洗残渍，再用清水冲洗干净，最后用蒸馏水冲洗 1 ~ 2 次沥干。(　　)

70. 采集加氯处理的水样测定细菌含量时，不影响水样真正细菌含量，因此无需经去氯处理。(　　)

71. 总大肠菌群中不包括粪大肠菌群。(　　)

72. 可吸入颗粒物是指悬浮在空气中，空气动力学当量直径≤10 μm 的颗粒物。(　　)

73. 总悬浮颗粒物是指悬浮在空气中，空气动力学当量直径小于 100 μm 的颗粒物。(　　)

74. 高锰酸盐指数是以每升样品消耗高锰酸钾的毫克数来表示。(　　)

75. 用碘量法测定溶解氧时，若水样中含有氧化性物质可使碘化物游离出碘，则使结果产生正干扰。(　　)

76. 总铬测定时，用 NO_2^- 还原 $KMnO_4$，然后再用 $CO(NH_2)_2$ 还原过量 NO_2^-。(　　)

77. 测定水中 NO_2^-—N 是在中性溶液中，利用重氮偶联显色反应，生成红紫色染料。(　　)

78. 测定 BOD_5 的培养液，规定其培养时间为 5 天，培养温度为室温。(　　)

79. 二苯碳酰二肼分光光度法测定水中六价铬，最低检测限为 0.04 mg/L。(　　)

80. 采集 SO_2 样品可以用棕色吸收管，采集 NO_2 可以用无色吸收管。(　　)

81. 采集 TSP 的滤膜毛面向上。(　　)

82. 测定水中悬浮物，通常采用滤膜的孔径为 0.45 μm。(　　)

83. BOD 和 COD 都可表示水中的有机物的多少，但 COD<BOD。(　　)

84. 水的色度一般是指表色而言的。(　　)

85. 测定水中 NO_2—N 是在中性溶液中，利用重氮偶联显色反应，生成红紫色染料。(　　)

86. 采集 TSP 和 PM_{10} 的采样头可通用。(　　)

87. 分光光度法测定水中六价铬，二苯碳酰二肼与铬的络合物在 470 nm 处有最大吸收。(　　)

88. 挥发酚是指沸点在 230 °C 以上的酚类。(　　)

89. 用于 NH_3-N 测定的是盐酸萘乙二胺比色法。(　　)

90. Cr（Ⅵ）与二苯碳酰二肼生成的有色络合物稳定时间，与 Cr（Ⅵ）的浓度无关。(　　)

91. 碘量法测定溶解氧时，可将水样带会实验室后再进行固定。(　　)

92. 纳氏试剂测定氨氮，可加入酒石酸钾钠掩蔽钙、镁等金属离子的干扰。(　　)

93. 离子选择电极法测定氟化物，水样的颜色和浑浊度对测定结果有影响。(　　)

94. 四氯汞钾法测定大气中 SO_2 时，为消除 NO_x 的干扰，应加入氨基磺酸。(　　)

95. 钴铂比色法与稀释倍数法可同时测定一个水样，两者的结果一致。(　　)

96. 溶解氧测定时，亚硝酸盐含量高，可采用 NaN_3 修正法。(　　)

97. 化学耗氧量以每升样品消耗 $K_2Cr_2O_7$ 的毫克数来表示。(　　)

98. 氨氮(NH_3-N)以游离氨(NH_3)或铵盐(NH_4^+)形式存在于水中，两者的组成比取决于水的 pH 值。(　　)

99. 测定溶解氧时，水样含 Fe^{3+}在 100 mg/L 以上时，应该先用量筒快速加入 1 mL 40%氟化钾溶液。(　)

100. 氟离子选择电极在使用之前应在被测水样中充分浸泡。(　)

101. 采集水中悬浮物样品时，对漂浮或浸没的不均匀固体物质，应认为它不属于悬浮物质。(　)

102. 用紫外分光光度法测定样品时，比色皿应选择石英材质的。(　)

三、选择题

1. 标定 $NaNO_2$溶液，下列加入溶液顺序哪种正确。(　)

A. $NaNO_2$储备液→$KMnO_4$溶液→$Na_2C_2O_4$标准溶液

B. $KMnO_4$溶液→$NaNO_2$储备液→H_2SO_4→$Na_2C_2O_4$标准溶液

C. $KMnO_4$溶液→H_2SO_4→将吸管下端插入 $KMnO_4$溶液液面下，加入 $NaNO_2$储备液→$Na_2C_2O_4$标准溶液

D. $KMnO_4$溶液→H_2SO_4→直接往 $KMnO_4$溶液中滴加 $NaNO_2$储备液→$Na_2C_2O_4$标准溶液

2. 亚硝酸盐标准储备液应保存于(　)瓶中，并加入(　)作保存剂。

容器：A. 聚乙稀瓶　B. 玻璃瓶　C. 棕色试剂瓶　D. 广口瓶

保存剂：A. $KMnO_4$　B. HCl　C. Na_2CO_3　D. 氯仿

3. 制备无亚硝酸盐的水应使用(　)方法。

A. 加入 $KMnO_4$，在酸性条件下蒸馏　B. 过离子交换柱

C. 加入 $KMnO_4$，在碱性条件下蒸馏　D. 加入活性碳

4. 下列哪种水样用碘量法测定溶解氧会产生正干扰。(　)

A. 清洁水　B. 水样中含 Fe^{2+}

C. 水样中含 Fe^{3+}　D. 水样中含有机物如腐植酸、丹宁酸、木质素

5. Cr(Ⅵ)与二苯碳酰二肼反应时，硫酸浓度一般控制在(　)时显色最好。

A. 0.01 mol/L　B. 0.2 mol/L　C. 0.5 mol/L　D. 0.25 mol/L

6. 测定总铬的水样，需加(　)保存。

A. H_2SO_4　B. HNO_3　C. HCl　D. NaOH

7. COD 是指示水体中(　)的主要污染指标。

A. 氧含量　B. 含营养物质量

C. 含有机物及还原性无机物　D. 含有机物及氧化物量的

8. 测定水中 COD 所采用的方法，在化学上称为：(　)

A. 中和反应　B. 置换反应　C. 氧化还原反应　D. 络合反应

9. 在进行 COD_{Mn}测定时在水浴加热过程中，紫色褪去，以下操作是：(　)

A. 再加 10.00 mL 0.01mol/L $KMnO_4$溶液

B. 继续加热至 30 分钟

C. 酌情减少取样量，重新分析

D. 再滴加适量 0.01 mol/L $KMnO_4$溶液

10. 测定高锰酸盐指数时，取样量应保持在使反应后滴定所消耗的 $KMnO_4$溶液量为加入量的：(　)

A. 1/5 ~ 4/5　　B. 1/2 ~ 1/3　　C. 1/5 ~ 1/2　　D. 1/4 ~ 1/3

11. 配制浓度为 0.025 mol/L 的硫酸亚铁铵标准溶液，应该：(　　)

A. 用分析天平准确称量 1/1 0000 g　　B. 称量至 1 mg　　C. 粗称后标定

12. 在 COD_{Mn} 测定中，吸取水样体积多少对测定结果有影响，当体积过小时，测定结果会：(　　)

A. 偏高　　B. 偏低　　C. 基本没影响

13. 用电极法测定水中氟化物时，加入总离子强度调节剂的作用是：(　　)

A. 增加溶液总离子强度，使电极产生响应

B. 络合干扰离子

C. 保持溶液总离子强度，弥补水样中总离子浓度与活度之间的差异

D. 调节水样酸碱度

14. 由下列两种废水 BOD_5 和 COD 的分析结果可推论，A、B 两种条件下，更容易生化的是（　　）。

A. BOD_5 220 mg/L，COD 560 mg/L　　B. BOD_5 340 mg/L，COD 480 mg/L

15.（1）稀释水的 BOD_5 不应超过（　　）mg/L。

A. 1　B. 2　C. 0.5　D. 0.2

（2）稀释水的溶解氧要达到（　　）mg/L。

A. 4　B. 6　C. 8　D. 10

16. 目前，国内外普遍规定于（　　）　分别测定样品的培养前后的溶解氧，二者之差即为 BOD_5 值，以氧的 mg/L 表示。

A. （20±1）°C 100 天　B. 常温常压下 5 天　C.（20±1）°C5 天　D.（20±1）°C7 天

17. 在测定 BOD_5 时下列哪种废水应进行接种（　　）。

A. 有机物含量较多的废水　　B. 较清洁的河水

C. 不含或少含微生物的工业废水　　D. 生活污水

18. 下列说法正确的是（　　）。

A. 在水样稀释过程中，用带胶板的玻璃棒小心上、下搅匀，搅拌时勿使搅拌棒的胶板露出水面，防止产生气泡

B. 在水样稀释过程中，应用带胶板的玻璃棒快速搅拌，使其产生大量气泡，以便有较多的溶解氧

C. A 和 B 的搅拌法均不会影响测定的准确性

D. 在水样稀释过程中不需搅拌

19. 稀释水中的溶解氧要求接近饱和，同时还应加入一定（　　）。

A. 浓硫酸以抑制微生物的生长

B. 无机营养盐和缓冲物质以保证微生物的生长

C. 1 mol/L 氢氧化钠溶液

D. 不需加入任何试剂

20. 测氨水样经蒸馏后得到的馏出液，分取适量于 50 mL 比色管中，加入适量（　　）以中和硼酸。

A. H_2SO_3　　B. NaOH　　C. HCl　　D. NaOH 或 H_2SO_3

21. 用比色法测定氨氮时，如水样混浊，可于水样中加入适量（　）。

A. $ZnSO_4$ 和 HCl　　B. $ZnSO_4$ 和 NaOH 溶液

C. $SnCl_2$ 和 NaOH 溶液　　D. $SnCl_2$ 和 HCl

22. 纳氏试剂分光光度法测定水中氨氮，在显色前加入酒石酸钾钠的作用是（　）

A. 使显色完全　　B. 调节 pH

C. 消除金属离子干扰　　D. 消除 Cl^- 离子干扰

23. 配制纳氏试剂时，在搅拌下将二氯化汞溶液分次少量地加入到碘化钾溶液中，应加到：（　）

A. 产生大量朱红色沉淀为止　　B. 溶液变黄为止

C. 微量朱红色沉淀不再溶解时为止　　D. 将配好的氯化汞溶液加完为止

24. 含酚废水中含有大量硫化物，对酚的测定产生何种误差。

A. 正误差　　B. 负误差　　C. 无影响

25. 测挥发酚时，加缓冲液调 pH 为(10.0±0.2)的目的是消除何种干扰。（　）

A. 油类　　B. 甲醛类　　C. 硫化物　　D. 芳香胺类

26. 4-氨基安替比林法测酚，为去除干扰，加入 CCl_4 前应先（　）

A. 进行予蒸馏

B. 加入 HCl，调节 pH 在 2.0 ~ 2.5 之间

C. 加入粒状 NaOH，调节 pH 在 12.0 ~ 12.5 之间

D. 加入 0.1 mol/L NaOH 溶液，调节 pH 在 12.0 ~ 12.5 之间

27. 4-氨基安替比林法测酚的显色最佳 pH 为 10.0±0.2，下列四种缓冲溶液可选用，最佳的是哪种。（　）

A. H_3BO_4—KCl—NaOH　　B. $NaHCO_3$—NaOH

C. NH_4OH—NH_4Cl　　D. H_3BO_4—CH_3COOH_4—H_3BO_4—NaOH

28. 4-氨基安替比啉法测定挥发酚，显色最佳 pH 范围为（　）

A. 9.0-9.5　　B. 9.8-10.2　　C. 10.5 ~ 11.0　　D. 5.5 ~ 6.0

29. 溴化容量法测定苯酚的反应中，苯酚的基本单元是（　）

A. $1/2C_6H_5OH$　　B. $1/3C_6H_5OH$　　C. $1/6C_6H_5OH$　　D. $1/5C_6H_5OH$

30. 二氧化硫测定时，如采样时吸收液的温度保持在 10 ~ 15 °C，吸收效率比 23 ~ 29 °C 时低。（　）

A. 5%　　B. 10%　　C. 15%　　D. 20%

31. 实验证明，甲醛缓冲溶液对低浓度二氧化硫的吸收效率（　）四氯汞钾溶液。

A. 高于　　B. 低于

C. 有时高于，有时低于　　D. 不一定高于或低于

32. 下列哪一项不是测定二氧化硫实验成败的关键。（　）

A. 显色温度　　B. 显色湿度　　C. 显色时间　　D. 操作时间

33. 在采样时，空气中水蒸气冷凝在进气导管管壁上，会使测定结果。（　）

A. 偏高　　B. 偏低　　C. 无影响　　D. 不一定

34. 水中苯系物采用液上气相色谱法的最低检出浓度为（　），测定范围为（　）。

A. 0.005 mg/L　　B. 0.01 mg/L　　C. 0.005 ~ 0.1 mg/L　　D. 0.01 ~ 0.1 mg/L

35. 水中挥发性苯系物采用二硫化碳萃取气相色谱法，最低检出浓度为（ ），测定范围为（ ）。

A. 0.01 mg/L　B. 0.05 mg/L　C. 0.01 ~ 10 mg/L　D. 0.05 ~ 12 mg/L

36. 水中挥发性苯系物测定中色谱柱的老化时，慢慢地将柱温提高到（ ），在此温度老化 8 h。

A. 80 °C　B. 90 °C　C. 100 °C　D. 110 °C

37. 在酚试剂分光光度法测定甲醛浓度的检测标准中吸收液原液应放置冰箱中保存，可稳定（ ）天。

A. 2　B. 3　C. 4　D. 5

38. 在酚试剂分光光度法中珴所用试剂纯度一般为（ ）。

A. 化学纯　B.分析纯　C.光谱纯　D.优级纯

39. 空气中的甲醛与酚试剂反应生成嗪，嗪在酸性溶液中被高铁离子氧化形成（ ）化合物。

A. 蓝绿色　B. 蓝黑色　C. 紫红色　D. 亮黄色

40. 下列哪种说法不正确？（ ）

A. 水样中加入 1 ~ 5 倍含油量的苯酚，对紫外法测定石油类结果无干扰

B. 对于油的干扰作用，紫外法测定比红外法小

C. 塑料瓶、玻璃瓶均可采集含油样品

D. 紫外法测定矿物油，波长选择应根据实际情况而定

41. 二氧化硫测定时，如采样时吸收液的温度保持在 10 ~ 15 °C，吸收效率比 23 ~ 29 °C 时低（ ）。

A. 5%　B. 10%　C. 15%　D. 20%

42. 实验证明，甲醛缓冲溶液对低浓度二氧化硫的吸收效率（ ）四氯汞钾溶液。

A. 高于　B. 低于

C. 有时高于，有时低于　D. 不一定高于或低于

43. 二氧化硫测定采样时，空气中水蒸气冷凝在进气导管壁上，会使测定结果（ ）。

A. 偏高　B. 偏低　C. 无影响　D. 不一定

44. 在报出细菌总数计数结果时，若所有的稀释度的平均菌落数均大于 300，则应（ ）报出。

A. 按稀释倍数最小的平均菌落数乘以稀释倍数

B. 按稀释倍数最大的平均菌落数乘以稀释倍数

C. 任选一个稀释倍数的平均菌落数乘以稀释倍数

D. 取所有测定结果的平均值

45. SO_2 采样时最好选用（ ）作为采样管。

A. 气泡吸收管　B. 多口筛板吸收管

C. 冲击式吸收管　D. 滤性材料过滤夹

46. 下列比色法中能用于 NH_3-N 测定的是（ ），能用于 SO_2 测定的是（ ）。

A. 盐酸萘乙二胺比色法　B. 二苯碳酰二肼分光光度法

C. 盐酸副玫瑰苯胺比色法　D. 纳氏试剂比色法

47. 以下（　）不可用于测大气中的甲醛？

A. 盐酸副玫瑰苯胺比色法　　B. 酚试剂分光光度法

C. 乙酰丙酮分光光度法　　D. 离子色谱法

48. 测定 COD 过程中，加入 Ag_2SO_4 的目的是（　）。

A. 消除 Cl^- 干扰　　B. 消除 NO_2-N 干扰　　C. 催化直链脂肪族化合物氧化

49. 用碘量法可测定水样中的（　）。

A. BOD　　B. COD　　C. DO　　D. TOC

50. 冷原子吸收法是测定（　）的标准分析方法。

A. Hg^{2+}　　B. Cr（Ⅵ）　　C. Cd^{2+}　　D. Pb^{2+}

51. 对水样中金属离子进行测定，其水样保存技术是（　）。

A. 加酸调节 $pH < 2$　B. 加碱调节 $pH > 2$　　C. 冷藏　　D. 冷冻

52. 新银盐分光光度法是测定水样中（　）的分析方法。

A. 汞　　B. 铅　　C. 铬　　D. 砷

53. 测定 PM_{10} 的方法，是先用切割器将大颗粒物分离，然后用（　）测定。

A. 重量法　　B. 光电离法　　C. 光散射法　　D. 自然积集法

54. 蒸馏水加入硫酸至 $pH < 2$，使水中各种形态的氨或胺均转变成不挥发的盐类，收集馏出液即得（　）

A. 无氯水　　B. 无氨水　　C. 无二氧化碳水　　D. 无铅水

55. 空气颗粒物中苯并（α）芘的测定常用（　）

A. 气相色谱法　B. 原子吸收法　　C. 高效液相色谱法　　D. 分光光度法

56. 关于 COD 测定，正确的描述有（　）

A. 试亚铁灵为指示剂　　B. 加 $HgSO_4$ 掩蔽 Cl^-

C. 加热回流 30 分钟　　D. 消耗的氧化剂为 O_2

57. 大气采样时，多孔筛板吸收管气样入口应是（　）。

A. 球形上部的导管口　　B. 球形旁边的长导管口

C. 上述两个导管口都可以　　D. 随便哪一个导管口

58. NO_2 测定结果计算公式中要除以转换系数，其值为（　）。

A. 0.72　　B. 0.74　　C. 0.76　　D. 0.78

59. 为便于了解大气污染物对不同区域的影响，布点方法是（　）。

A. 同心圆法　B. 网格法　　C. 扇形法　　D. 功能区法

60. 测定溶解氧的水样应在现场加入（　）作为保存剂。

A. H_2SO_4　　B. HNO_3

C. $HgCl_2$　　D. $MnSO_4$ 和碱性 KI-NaN_3

61. 测定六价铬的水样需加（　），调节 pH 至（　）。

A. 氨水　　B. NaOH　　C. 8　　D. 9　　E. 10

62. 测定含氟水样应用（　）储存样品。

A. 普通玻璃瓶　B. 聚乙烯瓶　　C. 棕色玻璃瓶　　D. 不锈钢瓶

63. 关于颗粒物的采样方法的说法，正确的是：（　）

A. 为了富集大气中的污染物，富集采样时采样时间越长越好

B. 测定PM_{10}，如果测定日平均浓度，样品采集在一张滤膜上

C. TSP是大气中颗粒物的总称

D. 如果测定任何一次PM_{10}浓度，则每次不需要交换滤膜

64. 以下关于DO测定的说法，正确的是：(　　)

A. 用高锰酸钾修正法测定水中溶解氧，适合于水样中含大量Fe^{3+}

B. 用叠氮化纳修正法测定水中溶解氧，适合于水样中含大量硝酸盐

C. 采用碘量法测定水中溶解氧时，可加重铬酸钾氧化亚铁离子，消除干扰

D. 采用碘量法测定水中溶解氧时，可加入叠氮化钠，使水中亚硝酸盐分解而消除

65. 下列水质监测项目应现场测定的是(　　)。

A. COD　　B. 挥发酚　　C. 六价铬　　D. pH

66. TSP采样法属于(　　)。

A. 填充柱阻留法　　B. 直接采样法　　C. 滤料阻留法　　D. 自然积集法

67. 以下说法，不正确的是(　　)。

A. 采集合油水样的容器应选用广口玻璃瓶

B. 液体试剂取用时，可直接从原装试剂瓶内吸取，但不得将多余的试液放回原装试剂瓶内

C. 潮汐河全年在丰、枯、平水期采样，每期采样两天

D. 采样时不能搅动底部沉积物

68. 以下关于水样的保存方法的说法，正确的是(　　)。

A. 测定溶解氧的水样，要带回实验室后再加固定剂

B. 保存水样的目的只是减缓生物作用

C. 水样采集后，采取一些保存措施，目的是为减少或延缓某些成分的变化

D. 测定溶解氧，$MnSO_4$+KI(碱性)保存剂的作用是抑制生物生长

69. 测定COD的水样时，下列说法正确的是(　　)。

A. 加H_2SO_4至$pH<2$　　B. 加HCl至$pH<2$

C. 加HNO_3至$pH<2$　　D. 加H_3PO_4至$pH<2$

70. 以下关于DO测定的说法，正确的是(　　)。

A. 用高锰酸钾修正法测定水中溶解氧，适合于水样中含大量Fe^{3+}

B. 用叠氮化纳修正法测定水中溶解氧，适合于水样中含大量硝酸盐

C. 采用碘量法测定水中溶解氧时，可加入重铬酸钾氧化亚铁离子，消除干扰

D. 采用碘量法测定水中溶解氧时，可加入叠氮化钠，使水中亚硝酸盐分解而消除

71. 在测试某水样氨氮时，取10 mL水样于50 mL比色管中，从校准曲线上查得氨氮为0.018，水样中氨氮含量是(　　)。

A. 1.8 mg/L　　B. 0.36 mg/L　　C. 9 mg/L　　D. 0.018 mg/L

72. 室内空气中甲醛的测定方法可以采用(　　)。

A. 重量法　　B. 酚试剂分光光度法

C. 盐酸副玫瑰苯胺光度法　　D. 撞击法

73. TSP的粒径范围是(　　)。

A. 0 ~ 100 μm　　B. 0 ~ 10 μm　　C. 0 ~ 50 μm　　D. >10 μm

74. 注射器采样属于（　）。

A. 直接采样法 B. 富集采样法　　C. 浓缩采样点　　D. 溶液吸收法

75. 测定氨氮、化学需氧量的水样中加入 $HgCl_2$ 的作用是（　）。

A. 控制水中的 pH 值　　B. 防止生成沉淀

C. 抑制苯酚菌的分解活动　　D. 抑制生物的氧化还原作用

76. 用溶液吸收法测定大气中 SO_2，采用的吸收剂及吸收反应类型是（　）。

A. NaOH 溶液　中和反应　　B. 四氯汞钾溶液　络合反应

C. 水　物理作用　　D. 10%乙醇　　物理作用

77. 用二乙氨基二硫代甲酸银分光光度法测定水中砷时，配制氯化亚锡溶液时加入浓盐酸的作用是（　）。

A. 帮助溶解　　B. 防止氯化亚锡水解　　C. 调节酸度

78. 以下不能作为大气采样溶液吸收法中的吸收液的是（　）。

A. 水　　B. 水溶液　　C. 有机溶剂　　D. 液态氮

79. 以下不是大气污染物浓度的常用表示方法的是（　）。

A. mg/m^3　　B. $\mu g/m^3$　　C. ppm　　D. g/L

80. 悬浮固体的测定中，需将滤膜与称量瓶烘至恒重，恒重的标准是：两次称量相差不超过（　）

A. 0.000 1 g　　B. 0.000 2 g　　C.0.000 5 g　　D. 0.01 g

81. 铂钴比色法测定色度时，如水样浑浊，不可采用的方法是（　）。

A. 放置澄清　　B. 离心法去除悬浮物

C. 用孔径为 0.45 μm 滤膜过滤　　D. 滤纸过滤

82. 需要快速测定多个未知含量水样的氨氮最好采用（　）

A. 电极法　　B. 蒸馏-酸滴定法　C. 钠氏试剂比色法　D. 气相分子吸收法

83. 在测定 COD_{Cr} 中，硫酸亚铁铵滴定溶液保存多日而未重新标定会使结果（　）。

A. 偏大　　B. 偏小　　C. 不变　　D. 不确定

84. 用离子选择电极法测定水中氟化物时，（　）干扰测定。

A. 三价铁离子 B. 钙离子　　C. 钠离子　　D. 氯离子

85. 酚二磺酸分光光度法测定水中硝酸盐氮时，为了去除氯离子干扰，可以加入（　）使之生成 AgCl 沉淀凝聚，然后用慢性滤纸过滤。

A. $AgNO_3$　　B. Ag_2SO_4　　C. Ag_3PO_4

86. 环境噪声监测不得用（　）声级计。

A. 型 Ⅰ　　B. Ⅱ型　　C. Ⅲ型

四、问答题

1. 水环境分析方法国家标准规定的水质悬浮物的定义是什么？

2. 用两种不同型号的微孔滤膜做同一水样的悬浮物，结果是否一样？

3. 微孔滤膜上截留过多或过少的悬浮物有何问题？应如何解决？一般以多少悬浮物的量做为取试样体积的实用范围？

4. 水色度中，如果水样浑浊应怎样处理？

5. 试述稀释倍数法测定水质色度的原理。

6. 试述铂钴比色法测定水质色度的原理。

7. 总磷分析方法由哪两个步骤组成?

8. 简述钼酸铵分光光度法测定总磷的原理。

9. 画出测定水中各种磷的流程图。

10. 试述分光光度法测定浊度的原理。

11. 试述目视比浊法测定浊度的原理。

12. 简述一种制备无亚硝酸根离子水的方法。

13. 简述 N-(1-萘基)-乙二胺光度法测定亚硝酸盐氮的原理。

14. 用碘量法测定水中溶解氧，怎样进行水样的采集与保存?

15. 用碘量法测定水中溶解氧时，怎样进行溶解氧的固定?

16. 简述碘量法测定水中溶解氧的原理。

17. 什么情况下采用叠氮化钠修正法测定水中溶解氧? 在操作中与碘量法有何不同?

18. 分光光度法测定水中六价铬和总铬的原理各是什么?

19. 用分光光度法测定六价铬时，加入磷酸的主要作用是什么?

20. $K_2Cr_2O_7$ 法测定 COD，在回流过程中如溶液颜色变绿，说明什么问题? 应如何处理?

21. 测定 COD_{Mn} 中，$KMnO_4$ 溶液为何要小于 0.01mol/L[(1/5 $KMnO_4$)]?

22. 试述酸高锰酸钾法测定 COD_{Mn} 的原理。

23. COD 测定实验中，如何检验实验室用水中是否含有有机物?

24. 如何制备用于测定 COD、BOD_5 的实验用水?

25. 氟电极使用前、后应如何处理?

26. 测定水中氰化物常用的预蒸馏方法有哪两种? 试比较之。

27. 简述酚二磺酸分光光度法测定 NO_3^--N 的原理。

28. 简述紫外分光光度法测定 NO_3^--N 的原理。

29. 酚二磺酸法测定 NO_3^--N，水样色度应如何处理?

30. 酚二磺酸法测定 NO_3^--N，其标准使用液的配制与一般标准使用液的配制有何不同?

31. 测定 BOD_5 时，哪些类型的水样需要接种? 哪些水样需进行菌种驯化处理?

32. 有一种废水(电镀铬含锌、铜)，曾用活性氯除去氰化物，欲测此水样 BOD_5 值，应如何处理?

33. 写出水样不经稀释后直接培养的水样，及经稀释后培养的水样 BOD_5 的计算公式，并解释各个符号的含义。

34. 某测定 BOD_5 水样，经 5 天培养后，测其溶解氧时，当向水样中加 1 mL $MnSO_4$ 及 2 mL 碱性 KI 溶液后，瓶内出现由白色絮状沉淀，这是为什么? 该如何处理?

35. 如样品本身不含有足够的合适性微生物，应采用哪几种方法获得接种水?

36. 如何制备稀释水?

37. 被测定溶液满足什么条件，则能获得可靠的测定结果? 否则应如何做?

38. 测定水样的 BOD_5 时，用稀释水稀释水样的目的是什么? 稀释水中应加入什么营养物质?

39. 试述 BOD_5 的测定原理。

40. 试述需经稀释水样测定 BOD_5 时，地面水及工业废水的稀释倍数应如何确定？

41. 使用纳氏试剂分光光度法测定氨氮，取水样 50.0 mL，测得吸光度为 1.02，校准曲线的回归方程为 $y = 0.137\,8x$（x 指 50 mL 溶液中含氨氮的微克数）。应如何处理才能得到准确的测定结果。

42. 请指出在测定混浊水样中的氨氮时，下面的操作过程是否有不完善或不正确之处，并加以说明。

43. 怎样制备无氨水？

44. 无酚水如何制备？写出两种制备方法。

45. 如何检验含酚废水是否存在氧化剂，如有，应怎样消除？

46. 请说出液上气相色谱法取样的方法原理及方法适用范围？

47. 请详述液上相气相色谱法的预处理方法？

48. 酸度对保存苯系物水样有什么影响？

49. 紫外分光光度法测定矿物油的方法原理？

50. 简述紫外光度法测定油类的操作步骤？

51. 用甲醛吸收副玫瑰苯胺分光光度法测定 SO_2 时，有哪些物质干扰测定？如何消除？

52. 请写出甲醛吸收副玫瑰苯胺分光光度法的测定原理？

53. 怎样配制甲醛缓冲吸收液储备液？

54. 简述用四氯汞钾溶液吸收-盐酸副玫瑰苯胺分光光度法与甲醛缓冲溶液吸收-盐酸副玫瑰苯胺分光光度法测定 SO_2 原理的异同之处。

55. 简述用盐酸萘乙二胺分光光度法测定空气中 NO_x 的原理。

56. 测定总悬浮颗粒物时，对采样后的滤膜应注意些什么？

57. 如何获得“标准滤膜”？

58. 粪大肠菌群的涵义是什么？

59. 粪大肠菌群测定有几种方法？通常用哪种方法？

60. 简述测定粪大肠菌群多管发酵法的操作步骤。

61. 粪大肠菌群测定步骤与总大肠菌群测定有什么异同之处？

62. 胆盐在 EC 培养基中的作用是什么？

63. 为什么在《地表水质量标准》中改用粪大肠菌群指标代替总大肠菌群？

64. 试述碘量法测定溶解氧的干扰的消除方法。

65. 水样在分析测定之前，为什么进行预处理？预处理包括哪些内容？

66. 什么是标准曲线和吸收曲线？

67. 电极法测定水中氟的主要干扰因素有哪些？加入总离子强度调节剂 TISAB 的作用主要有哪些？

68. 工业废水中铬的价态分析实验中，如果测定结果总铬含量小于六价铬的含量，试分析其原因。

69. 在氨氮测定时，水样中若含钙、铁、镁等金属离子会干扰测定，用什么方法来消除干扰？

70. 简述总铬的测定原理。

71. 保存水样的基本要求是什么？多采用哪些措施？

72. 测定水样氨氮时，为什么要做空白实验？

73. 离子选择电极法测定天然水中 F^- 时，加入柠檬酸盐的作用有哪些？

74. 写出重铬酸钾法测定 COD 的计算公式，并说明公式中各字母和常数代表的意义。

75. 测定总铬的标准测定方法条件是什么？氧化剂、显色剂是什么？尿素的作用是什么？

五、计算题

1. 现测一水样中的悬浮物，取水样 100 mL 过滤，前后滤膜和称量瓶称重分别为 55.838 8 g 和 55.839 5 g，求该水样悬浮物的量。

2. 已知水样悬浮物的量为 10 mg，滤膜和称量瓶前后称重分别为 49.623 8 g 和 49.624 8 g，问量取的试样体积是多少？

3. 在测试某一水样的亚硝酸盐含量时，取 10 mL 于 50 mL 比色管中，从校准曲线上查得 NO_2-N 含量是 0.025 mg，求水样中 NO_2-N 和 NO_2^- 的含量。

4. 欲配制浓度为 50.0 mg/L 的 Cr（Ⅵ）的标准溶液 500 mL，应称取 $K_2Cr_2O_7$ 多少克（$K_2Cr_2O_7$ 分子量为 294.2）？

5. 取水样 20.00 mL 加入 C（1/6 $K_2Cr_2O_7$）=0.2500 mol/L 的 $K_2Cr_2O_7$ 溶液 10.00 mL，回流 2 h 后，用水稀释至此 140 mL，用 c（$[(NH_4)Fe(SO_4)_2]$）=0.103 3 mol/L 的硫酸亚铁铵标准溶液滴定。已知空白消耗 $(NH_4)Fe(SO_4)_2$ 溶液 24.10 mL，水样消耗 19.55 mL 计算水样中 COD 的含量。并按有效数字规则修约到应有的位数。

6. 测定某水样的高锰酸盐指数，取 50 mL 水样，用蒸馏水稀释至 100 mL，回滴时用去高锰酸钾溶液 5.54 mL，测定 100 mL 蒸馏水消耗高锰酸钾溶液总量为 11.42 mL。已知草酸钠溶液浓度 c（$1/2Na_2C_2O_4$）=0.01 mol/L，标定高锰酸钾溶液时，高锰酸钾溶液溶液的消耗量为 10.86 mL。试求水样中 COD_{Mn} 值。

7. 测定某水样的生化需氧量时，培养液为 300 mL，其中稀释水 100 mL。培养前、后的溶解氧含量分别为 8.37 mg/L 和 1.38 mg/L。稀释水培养前、后的溶解氧含量分别为 8.85 mg/L 和 8.78 mg/L。计算该水样的 BOD_5 值。

8. 在测试某水样氨氮时，取 10mL 水样于 50 mL 比色管中，从校准曲线上查得氨氮为 0.018 mg.求水样中氨氮的含量？

9. 某样品 1 000 mL 酸化萃取后定容 50 mL，测其吸光度，从校准曲线上查得矿物油含量为 0.4 mg，求样品中矿物油的浓度？并说出该水样符合地面水几类水质？

10. 某监测点的环境温度为 18 °C，气压为 101.1 kPa，以 0.50 L/min 流量采集空气中二氧化硫，采集 30 min。已知测定样品溶液的吸光度为 0.245，试剂空白吸光度为 0.034，二氧化硫校准曲线回归方程斜率 0.077 6，截距为 – 0.001。计算该监测点标准状态（0 °C，101.3 kPa）下二氧化硫的浓度（mg/m^3）。

11. 环境监测测定水中溶解氧的方法是量取 a mL 水样，迅速加入 $MnSO_4$ 溶液及含 NaOH 的 KI 溶液立即塞好塞子，振荡使它反应均匀，打开塞子，迅速加入适量稀 H_2SO_4，此时有 I_2 生成，用的 $Na_2S_2O_3$ 溶液以淀粉为指示剂滴定到溶液由蓝色恰好变为无色为止，共计消耗 V mL $Na_2S_2O_3$ 溶液，上述的反应为：

$$2Mn^{2+}+O_2+4OH^- = 2MnO(OH)_2$$

$$MnO(OH)_2+2I^-+4H^+ = Mn^{2+}+I_2+3H_2O$$

$$I_2+2S_2O_3^{2-} = 2I^-+S_4O_6^{2-}$$

求水溶解的氧气是多少?(g/L)

12. 用容积为 25 L 的配气瓶进行常压配气，如果 SO_2 原料气的纯度为 50%（V/V），欲配制 50 ppm 的 SO_2 标准气，需要加入多少原料气？

13. 用标准加入法测定某水样中的镉，取四份等量水样，分别加入不同量镉标准溶液(加入量见下表)，稀释至 50 mL，依次用火焰原子吸收法测定，测得吸光度列于下表，求该水样中镉的含量。

编号	水样量/mL	加入镉标准溶液（10 μg/mL）数	吸光度
1	20	0	0.042
2	20	1	0.080
3	20	2	0.116
4	20	4	0.190

14. 用二苯碳酰二肼光度法测定水中 Cr（Ⅵ）的校准曲线为：

Cr（Ⅵ）/μg	0	0.20	0.50	1.00	2.00	4.00	6.00	8.00	10.00
A	0	0.010	0.020	0.040	0.090	0.183	0.268	0.351	0.441

若取 5.0 mL 水样进行测定，测得吸光值 A 为 0.088，求该水样 Cr（Ⅵ）的浓度？

15. 测定水样 BOD_5 时，稀释倍数为 40 倍，稀释前后 100 mL 培养液消耗 0.0125 mol/L 的 $Na_2S_2O_3$ 分别为 9.12 和 3.10 mL。每 100 mL 稀释水培养前后消耗同样浓度的 $Na_2S_2O_3$ 分别为 9.25 和 8.76 mL，计算该水样 BOD_5 。

16. 某工厂锅炉房采样点温度为 27 °C，大气压力 100 kPa，现用溶液吸收法采样测定 NO_x 的日平均浓度，每隔 2 小时采样一次，共采集 12 次，每次采样 20 min，采样流量 0.50 L/min，将 12 次采样的吸收液全部定容至 100 mL，取 10.00 mL，用分光光度法测得含 NO_x1.25 mg，求该采样点空气在标准状态下的 NO_x 日平均浓度（以 mg/m^3 标表示）。

17. 有五个声源作用于一点，声压级分别为 81、87、66、84、81dB，则合成总声压级为多少。

18. 碘量法测定溶解氧时，取 100 mL 水样，经过一系列反应，最后耗用 0.025 0 mol/L $Na_2S_2O_3$ 标准溶液 5.00 mL，滴定至蓝色消失，试计算该水样中 DO 含量。

19. 用手动采样器测二氧化硫时，气温 28.5 °C，气压 99.6 kPa，以 0.5 L/min 速度采样 1 小时，计算标准状态下的采样体积是多少？

20. 下表所列为某水样 BOD 测定结果，计算水样的 BOD？

类型	稀释倍数	取样体积（mL）	$Na_2S_2O_3$ 浓度（mol/L）	$Na_2S_2O_3$ 用量（mL）	
				当天	五天培养后
水样	400	200	0.0125	13.50	8.12
稀释水	0	200	0.0125	16.60	16.30

21. 用大流量采样器采集 TSP，平均流量 1.05 m^3/min，采样 20 小时，计算标准状态下的采样体积是多少？(当日气温 15 ~ 23 °C，气压 99.6 ~ 99.8 kPa，月平均气温 21 °C）

22. 用 $K_2Cr_2O_7$ 法测定废水中的 COD 时，吸取水样 10 mL，最终消耗硫酸亚铁铵标准溶液 18.25 mL，同时做空白，消耗硫酸亚铁铵标准溶液 25.50 mL。已知标定硫酸亚铁铵标准溶液时，称取 $K_2Cr_2O_7$ 为 3.090 0 g，溶解洗涤转移定容到 250 mL 容量瓶中，再吸取 25 mL 标定硫酸亚铁铵，消耗硫酸亚铁铵标准溶液 24.95 mL（$K_2Cr_2O_7$ 的相对分子质量为 294.2）。求此废水样中的 COD_{Cr}[O_2（mg/L）]。

23. 采集大气中 SO_2 样品 60.0 L，采样现场气温 32 °C，大气压 98 kPa，将样品用吸收液稀释 4 倍后，测得空白吸光度 0.06，样品吸光度为 0.349，若空白校正后的标准曲线方成为 $y=0.047x-0.005$，试计算大气中 SO_2 的浓度。

24. 酸性高锰酸钾法测定某一废水总铬含量，吸取水样 25 mL，测定吸光度 OD=0.360，已知工作曲线上吸光度 OD=0.258 时，对应的浓度为 K=0.01 mg/mL 的铬标准溶液体积是 2 mL，求此水样的总铬含量 Cr(mg/L)=？。重新吸取此水样 50 mL，直接加 D.P.C.显色又测得吸光度 OD=0.430，求该水样的 Cr（Ⅲ）=？(mg/L)；Cr（Ⅵ）=？(mg/L)。

25. 有一含氮废水样，吸取水样 25 mL 消解后转移定容到 100 mL 容量瓶中。取 25 mL 蒸馏，最终消耗硫酸标准溶液 22.66 mL，求此水样的凯氏氮含量 N(mgL)=？。重新吸取水样 50 mL，直接蒸馏后用硫酸标准溶液滴定。消耗硫酸标准溶液 15.35 mL，求该水样的有机氮含量 N(mg/L)=？（不计空白）。

26. 用 $K_2Cr_2O_7$ 法测定废水中的 COD 时，吸取水样 10 mL，最终消耗硫酸亚铁铵标准溶液 18.25 mL，同时做空白，消耗硫酸亚铁铵标准溶液 25.50 mL。求此废水样中的 COD_{Cr}[O_2（mg/L）]。

27. 已知标定硫酸亚铁铵标准溶液时，称取 $K_2Cr_2O_7$ 为 3.0900 g，溶解洗涤转移定容到 250 mL 容量瓶中，再吸取 25 mL 标定硫酸亚铁铵，消耗硫酸亚铁铵标准溶液 24.95 mL（$K_2Cr_2O_7$ 的相对分子质量为 294.2）。若此水样的 BOD_5 为 659.3 mg/L，那么此水样是否适宜用生化法处理？

附录3　环境监测实验综合复习题参考答案

一、填空题

1. 悬浮物质　除去；2. 温度　0.45　103～105；3. 总残渣　可滤残渣　不可滤残渣；4. 15min　pH　pH　pH；5. 铂(铬)钴标准比色　稀释倍数；6. 二氧化硅；7. 悬浮物 1mg；8. 分光光度　目视比浊　浊度计测定；9. 清洁水 轻度污染并略带黄色调的水 比较清洁的地面水 地下水和饮用水 污染较严重的地面水 工业废水；10. 严密盖好 暗处　30 °C；11. 标准单位 最接近的标准溶液的值 5度 10度；12. 盐酸 表面活性剂 蒸馏水或去离子水洗净沥干；13 悬浮物；14. 真色 表色 真色；15. 铂（铬）钴标准比色法 稀释倍数法；16.1 mg 0.5 mg；17. 溶解的　颗粒的 有机　无机；18. 正磷酸盐 缩合磷酸盐 有机结合的磷酸盐 ；19. 过硫酸钾（或硝酸-高氯酸）　未经过滤的 钼酸铵分光光度法 ；20. 中性；21. 硫酸　<1　2～5；22. 稀盐酸 稀硝酸 磷酸盐；23. 稀硝酸 铬酸洗液；24. 补偿校正　1体积10%抗坏血酸溶液；25. 分光光度 目视比浊 光电式-浊度计法；26. 具塞玻璃 尽快 4 °C冷暗处 24h 要激烈振摇水样 室温；27. 天然水　饮用水　3；28. 饮用水 天然水及高浊度水 1；29. 一定粒度的硅藻土；30. 有黑线的白纸 瓶身前向后；31. 玻璃瓶 塑料　24　40 mg氯化汞 2～5 °C；32. 微生物；33. 氢氧化铝悬浮液 过滤 色度；34. 氯胺、氯、硫代硫酸盐、聚磷酸钠和高铁离子；35. 0.003　0.20；36. 亚硝酸盐氮　20；37. 红色 4-氨基苯磺酰胺　N-（1-萘基）-乙二胺二盐酸盐；38. 酚酞　磷酸　红色；39. 氢氧化铝悬浮液；40. 碘量法 电化学探头法 ≥6 mg/L　4mg/L；41. 碱性碘化钾　硫酸锰；42. 碘量法　修正法　膜电极法　碘量法　修正的碘量法　膜电极法；43. 基准　适用于　大于 0.2 mg/L　小于氧的饱和浓度（约 20 mg/L）；44. 游离氯　0.1 mg/L　硫代硫酸钠　氢氧化钠或硫酸溶液　中性后；45. 较高 较低 虹吸法 气泡 20± 1 5 天；46. 六；47. CrO_4^{2-}　$HCrO_4^-$　$Cr_2O_7^{2-}$；48. 0.05～0.3 mol/L(1/2H_2SO_4)　0.2 mol/L　温度　放置时间；49. 硫酸亚铁铵滴定（容量）50. 重铬酸钾洗液（或铬酸溶液）　硝酸与硫酸混合液或洗涤剂；51. 分光光度法　原子吸收法　等离子体发射光谱法　硫酸亚铁铵滴定法；52. 酸性　高锰酸钾　三价铬氧化成六价铬　二苯碳酰二肼；53. 色度校正　锌盐沉淀分离　酸性高锰酸钾氧化法；54. 弱碱性 pH=8　7；55. 玻璃瓶　聚乙烯瓶　2　8；56. 浊度　悬浮物　重金属离子　氯和活性氯　有机及无机还原性物质；57. 磷酸　发色后放置 10～15 min；58. 挥发酚　二本碳酰二肼；59. 强氧化剂　氧化剂　氧的 mg/L；60. 重铬酸钾法　氧的 mg/L；61. 氯离子 亚铁　亚硝酸盐 硫化物；62. $KMnO_4$　氧的 mg/L；63. 亚硝酸盐 亚铁盐 硫化物 有机物　还原性有机物和无机物；64. $KMnO_4$　地面水 饮用水 生活污水；65. H_2SO_4　0～5 °C　48 ；66. H_2SO_4　< 2；67. 氨基磺酸 ；68. 滴定终点不明显；69. 60～80 °C　趁热；70. 强酸 2；71. 0.25　0.1　0.025　0.01；72. 硫酸-硫酸银 硫酸-磷酸-硫酸银；73. 140 mL；74. 沸水浴 30 min；75. 硫酸汞；76. 1.0；77. 离子选择电极法　氟试剂分光光度法　茜素磺酸锆目视比色法；78. 聚乙稀瓶　硬质玻璃瓶；79. 游离的 三价铁　铝离子　四价硅 5～8；80. 氟硼酸盐离子（BF^{4-}）；81. 氟离子选择　饱和甘汞电极　LaF_3　离子强度；82. 标准曲线　一次标准加入　一次标准加入；83. 温度　不断搅拌　蒸馏水　恢复到初始状态；84. $\log c_{F^-}$　E　氟离子浓度的对数；85.

酚二磺酸光度法；86. 及时进行　硫酸　<2　4　24 h；　87. 100 mL　1 mL 0.5 mol/L 的硫酸溶液 高锰酸钾溶液；88.　偏低　等当量的硫酸银溶液　AgCl ；89. 氯化物　亚硝酸盐　铵盐　有机物　碳酸盐；90. 水浴　充分研磨　Ag_2SO_4 ；91. 2　6　密塞的棕色　防止吸收空气中的水分；　92. 微生物　生物化学　溶解氧　20　5　溶解氧　氧的 mg/L ；93. 五日培养法（或稀释接种法）　2 mg/L　6 000 mg/L　6 000 mg/L；94. 溶解氧　2 mg/L　1 mg/L　40 – 70%；　95. 葡萄糖　谷氨酸　180 ~ 230；　96. 0.2 mg/L　0.3 ~ 1 mg/L　立即使用；97. 20 °C　8 mg/L　$CaCl_2$ 溶液　$FeCl_3$ 溶液　$MgSO_4$　溶液　H_3PO_4 缓冲液　7.2　<0.2 mg/L；　98. 2 mg/L　1 mg/L　平均值　小于 1 mg/L 加大稀释倍数；　99. 直接培养 >2　>1；　100. 碳化抑制剂 硝化 驯化；101. 20 °C 振摇；　102. 游离（NH_3）铵盐　纳氏试剂分光光度法 水杨酸-次氯酸盐法 电极法；103. 絮凝沉淀法 蒸馏 $Na_2S_2O_3$　掩蔽剂；104. KI　$HgCl_2$（或 HgI_2）　KOH　$HgCl_2$（或 HgI_2）　KI　上清；105. HgI_2　KI 淡红棕色胶态 410 ~ 425；　106. 稀硫酸或硼酸；　107. 230　230；　108. 能与水蒸气一并挥发的酸类化合物　氯仿萃取　直接分光光度法；　109. 加磷酸使 pH0.5 ~ 4.0 之间，并加适量 $CuSO_4$　玻璃瓶　微生物对其降解和减慢氧化；　110.　三溴苯酚；111. mg/m^3（标准状态）；甲醛吸收副玫瑰苯胺分光光度法　四氯汞盐副玫瑰苯胺分光光度法；112. 环境空气 10 mL　30 L　0.007 mg/m^3　5.0 mL　24 h　300 L　0.003 mg/m^3；113. 10 mL　U 型多孔玻板　0.5 L/min　23 ~ 29 C；　114. 气相色谱法 工业废水　地表水　苯　甲苯　乙苯　对二甲苯　间二甲苯　邻二甲苯　异丙苯　苯乙烯；115. 甲醇溶液 苯系物 甲醇 毒性 易燃 通风橱；116. 温度的变化 改变气液、两相的比例 恒温振荡 校正；　117. 溶剂萃取 顶空；118. 可吸入颗粒物 10；119. 2.5 细颗粒物；120. 0.5　0.1　PM10 采样器技术要求及检测方法；121. 玻璃纤维滤膜　石英滤膜　0.3μm；122. 蒸馏　水　3　水溶性 225 透光率 80% ；123. 溶解　石油醚　所有　石油醚　萃取　不挥发；124. 脱芳烃　重蒸馏　30 ~ 60 °C　萃取　硫酸钠　过滤　滤液　65±5　65±5　石油醚；125. 重量　大流量 中流量 小流量　0.30　2 ~ 4.5$m^3/(cm^2 \cdot 24\ h)$；　126. 超细玻璃纤维 毛面；127. 24 0.1　1　0.4 镊子　不漏气 每次需要更换滤膜 一张滤膜上；　128. 总大肠菌群　总大肠菌群　代表性　指示菌；　129. 蛋白胨 牛肉浸膏 乳糖 氯化钠 7.2 ~ 7.4　115 °C 20 min；　130. 自然环境 温血动物肠道内 温度提高到 44 °C 生长 发酵乳糖产酸产气；131. 接种环　培养物 EC　44±0.5 °C 水浴下　24±2h　产气　试验阳性；132. 20g　5g　5g　1.5g　1.5g　4g　1 000 mL　121 °C 灭菌 pH　6.9；133. 调配　溶化　调整 pH　澄清过滤　分装　灭菌　鉴定 ；134. 无菌水 培养基 滤膜　稀释水 冲洗用水 玻璃器皿　无菌性　充去水样试验结果 ；135. 继续培养到 48　有无大肠菌类细菌；136. 高压蒸汽灭菌　干热灭菌；137. 流量计 吸收管 缓冲瓶；138. 无雨无雪　三级以上 五级以上；　139. 溶解氧　生化需氧量　有机污染物；140. 五日生化需氧量　总有机碳　溶解氧　化学需氧量　总悬浮固体；141. 将含量低、形态各异的组分处理到适合监测的含量及形态　去除组分复杂的共存干扰组分

三、判断题

1. ×；　2. ×　√　√；　3. × ；　4. ×；　5. × ；　6. √；　7. √；　8. ×；　9. ×；
10. √；11.√；　12. ×；　13. √；　14. ×；　15. ×；　16. √；　17. ×；　18. ×；　19. √；
20. × × √　√；　21. √；　22. ×；　23. ×；　24. ×；　25. ×；　26. √；　27. √；　28. ×；
29. √；30.√；　31. ×；　32. ×；　33. ×；　34. √；　35. √；　36. √；37. √；　38. √；
39. ×；40. ×；　41. ×；　42. √；　43. ×；　44. √；　45. √；　46. ×；　47. √；　48. ×；

49. √；50. √；51. ×；52. √；53. ×；54. √；55. √；56. ×；57. √；58. ×；
59. ×；60. ×；61.×；62. √；63. ×；64. ×；65. √；66. ×；67. √；68. √；
69. √；70. ×；71. ×；72. √；73. √；74. ×；75. √；76. √；77. ×；78. ×；
79. ×；80. ×；81. √；82. √；83. ×；84. √；85. ×；86. ×；87. ×；88. ×；
89. ×；90. ×；91. ×；92. √；93. ×；94. √；95. ×；96. √；97. ×；98. √；
99. √；100. ×；101. √；102. √

四、选择题

1-5. C、C D、C、C、B；6-10. B、C 、C、C、C；11-15. C、B、B、B、D C；
16-20.C 、C、A、B、B；21-25. B、C、C、A、D；26-30. C、C、B、C、A；
31-35. A、B、B、A C、B D；36-40.B、B、B、A、C；41-45. A、A、B、B、B；
46-50.D C、A、A、C、A；51-55. A、D、A、B、C；56-60. A、B、C、D、D；
61-65. B C、B、B、D、D；66-70.C、B、C、A、D；71-75. A、B、A、A、B；
76-80. B、B、D、D、B；81-86. D、A、A、A、B、C

四、问答题

1. 答：水质中的悬浮物是指水样通过孔径为 0.45μm 的滤膜，截留在滤膜上并于 103 ~ 105 °C 烘干至恒重的固体物质。

2. 答：结果不会一样。因为过滤出的悬浮物的多少与滤膜空隙大小有关，而不同型号的滤膜空隙不一样，所以做悬浮物实验时不能乱用滤膜。

3. 答：滤膜上截留过多的悬浮物可能夹带过多的水分，除延长干燥时间外，还可能造成过滤困难，遇此情况，可酌情少取试样。滤膜上悬浮物过少，则会增大称量误差，影响测定精度，必要时，可增大试样体积。一般以 5 ~ 10 mg 悬浮物

4. 答：如水样浑浊，则放置澄清，亦可用离心法或用孔径为 0.45 μm 滤膜过滤以去除悬浮物，但不能用滤纸过滤，因滤纸可吸附部分溶解于水的颜色。

5. 答：将样品用光学纯水稀释至用目视比较与光学纯水相比刚好看不见颜色时的稀释倍数作为表达颜色的强度，单位为倍。同时用目视观察样品，检验颜色性质：颜色的深浅（无色、浅色或深色），色调（红、橙、黄、绿、蓝和紫等），如果可能包括样品的透明度（透明、混浊或不透明）。用文字予以描述。结果以稀释倍数值和文字描述相结合表达。

6. 答：用氯铂酸钾和氯化钴配制颜色标准溶液，与被测样品进行目视比较，以测定样品的颜色强度，即色度。样品的色度以与之相当的色度标准溶液的度值表示。

7. 答：第一步可由氧化剂过硫酸钾、硝酸-过氯酸、硝酸-硫酸、硝酸镁或者紫外照射，将水样中不同形态的磷转为磷酸盐。第二步测定正磷酸，从而求得总磷含量。

8. 答：在中性条件下用过硫酸钾（或硝酸-高氯酸）使试样消解，将所有磷全部氧化为正磷酸盐，在酸性介质中，正磷酸盐与钼酸铵反应，在锑盐存在下生成磷钼杂多酸后，立即被抗坏血酸还原，生成兰色的络合物。

9. 答

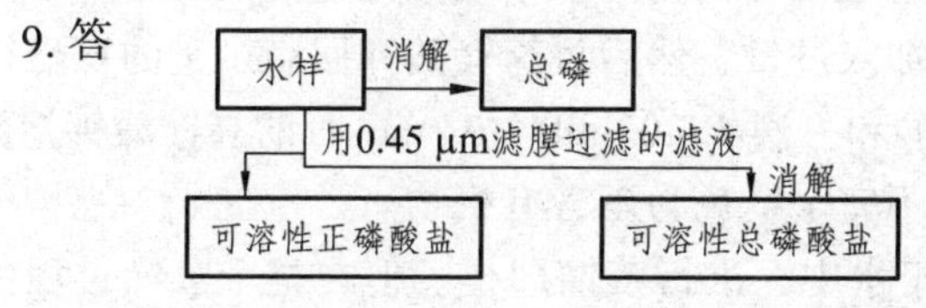

10. 答：在适当温度下，硫酸肼与六次甲基四胺聚合，形成白色高分子聚合物，以此作

为浊度标准液，在一定条件下与水样浊度相比较。

11. 答：将水样与用硅藻土配制的浊度标准液进行比较，规定相当于 1mg 一定粒度的硅藻土在 1 000 mL 水中所产生的浊度为 1 度。

12. 答：以下方法任取其一：

（1）在碱性条件下，加入 $KMnO_4$ 至红色不退，加热蒸馏。

（2）每升水中加入 1 mL 浓 H_2SO_4、0.2 mL$MnSO_4$ 溶液（100 mL 水中含 36.4g $MnSO_4 \cdot H_2O$），加入 $MnSO_4$ 溶液至红色不退，加热蒸馏。

13. 答：在磷酸介质中，pH 值为 1.8±0.3 时，亚硝酸根离子与 4-氨基苯磺酰胺反应，生成重氮盐，再与 N-（1-萘基）-乙二胺二盐酸盐偶联生成红色染料，在 540 nm 波长处测定吸光度。

14. 答：用碘量法测定水中溶解氧，水样常采集到溶解氧瓶中。采集水样时，要注意不使水样曝气或有气泡残存在采样瓶中。可用水样冲洗溶解氧瓶后，沿瓶壁直接倾注水样或用虹吸法将细管插入溶解氧瓶底部，注入水样至溢流出瓶容积的 1/3 ~ 1/2。水样采集后，为防止溶解氧的变化，应立即加固定剂于样品中，并存于冷暗处，同时记录水温和大气压力。

15. 答：用吸管插入溶解氧瓶的液面下，加入 1mL 硫酸锰溶液、2mL 碱性碘化钾溶液，盖好瓶塞，颠倒混合数次，静置。待棕色沉淀物降至瓶内一半时，再颠倒混合一次，待沉淀物下降到瓶底。一般在取样现场固定。

16. 答：在样品中溶解氧与刚刚沉淀的二价氢氧化锰（将氢氧化钠或氢氧化钾加入到二价硫酸锰中制得反应）酸化后，生成的高价锰化合物将碘化物氧化游离出等当量的碘，用硫代硫酸钠滴定法，测定游离碘量。

17. 答：水样中亚硝酸盐氮高于 0.05 mg/L，二价铁低于 1 mg/L 时，可干扰碘量法测定溶解氧。加入叠氮化钠会使水中亚硝酸盐分解而消除其干扰。操作中仅将试剂碘化钾溶液改为碱性碘化钾-叠氮化钠溶液。如水样中含 F_e^{3+} 达 100 ~ 200 mg/L 时，可加入 1 mL 40%氟化钾溶液消除 Fe^{3+} 的干扰，也可用磷酸代替硫酸酸化后滴定。

18. 答：六价铬：在酸性溶液中，六价铬与二苯碳酰二肼反应，生成紫红色化合物，于波长 540 nm 处进行分光光度测定。

总铬：在酸性溶液中，水样中的三价铬被高锰酸钾氧化成六价铬。六价铬与二苯碳酰二肼反应，生成紫红色化合物，于波长 540 nm 处进行分光光度测定。

19. 答：加入磷酸与 F_e^{3+} 形成稳定的无色络合物，从而消除 F_e^{3+} 的干扰，同时磷酸也和其他金属离子络合，避免一些盐类析出而产生浑浊。

20. 答：表明 COD 值很高，应适量减少取样量，重新测定。

21. 答：为了保证 10.00 mL 草酸钠标准溶液还原 $KMnO_4$ 并过量。

22. 答：在酸性和加热条件下，以高锰酸钾为氧化剂，氧化水中的部分有机物质和还原性无机物，其消耗量与水中某些有机物质和还原性无机物的含量成正比，借以测定水中受污染的状况。过量的高锰酸钾用草酸钠还原并加入过量，然后再高锰酸钾回滴过量的草酸钠。

23. 答：在 500 mL 水中加入 1 mL 浓硫酸和一滴（0.03 mL）0.1mol/L 的高锰酸钾溶液，在室温下放置 1 小时后，高锰酸钾的粉红色不完全褪色为不含有机物。

24. 答：加入少量高锰酸钾的碱性溶液于水中，进行蒸馏即得。但在整个蒸馏过程中，水应始终保持红色，否则应随时补加高锰酸钾碱性溶液。

25. 答：使用前须浸泡在稀的氟化物溶液中活化，洗净后用滤纸吸去水分；使用后用水充分洗净，吸去水分后放入盒内保存。

26. 答：水蒸气蒸馏法和直接蒸馏法。

水蒸气蒸馏法：温度容易控制，排除干扰效果好，不爆沸。

直接蒸馏法：蒸馏效率较高、但温度难控制、排除干扰较差，易爆沸。

27. 答：硝酸盐在无水情况下与酚二磺酸反应，生成硝基二磺酸酚，在碱性溶液中，生成黄色化合物，于 410 nm 波长处进行分光光度测定。

28. 答：利用硝酸根离子在 220 nm 波长处的吸收而定量测定 NO_3^--N。溶液的有机物等干扰物质在 220 nm 处也会有吸收，而硝酸根离子在 275 nm 处没有吸收。因此，在 275 nm 处作另一次测量，以校正硝酸盐氮值。

29. 答：每 100 mL 水样中加入 2 mL 氢氧化铝悬浮液，密塞充分振摇，静置数分钟澄清后，过滤，弃去最初滤液的液的 5 ~ 10 mL。

30. 答：不同点在于：一般标准使用液采用直接法配制，而酚二磺酸法测定硝酸盐氮的标准使用液需将 NO_3^--N 标准储备液与酚二磺酸在蒸干的条件下反应，生成硝基二磺酸酚后，经稀释而得到。

31. 答：高温废水、过酸或过碱的废水以及氯化废水需接种（或对不含微生物或微生物过少的水样，均应进行接种）。含有害物质或不易被一般菌种分解的有机物水样，都要加含驯化菌种的稀释水。（或当水样含有害物质或其中有机物不易被一般菌种生化分解时，都需要进行菌种驯化处理）。

32. 答：根据水样中活性氯浓度，准确加入硫代硫酸钠还原。因电镀废水中含有抑制微生物生长的有毒物质，故需进行菌种驯化，可使用驯化的微生物接种液的稀释进行稀释，或提高稀释信数的减低温毒物的浓度。

33. 答：（1）不经稀释直接培养的水样：

$$\mathrm{BOD_5(mg/L)} = C_1\text{-}C_2$$

式中　C_1——水样在培养前的溶解氧的浓度（mg/L）；

C_2——水样经过 5 天培养后，剩余的溶解氧的浓度（mg/L）。

（2）稀释后培养的水样

$$\mathrm{BOD_5(mg/L)} = \frac{(C_1 - C_2) - (B_1 - B_2) \cdot f_1}{f_2}$$

式中　C_1——稀释试样培养前的溶解氧，mg/L；

C_2——稀释试样培养五天后的溶解氧，mg/L；

B_1——稀释水(或接种稀释水)培养前的溶解氧，mg/L；

B_2——稀释水(或接种稀释水)培养五天后的溶解氧，mg/L；

f_1——稀释水用量在稀释试样中所占的比例；

f_2——水样在培养液中所占的比例。

34. 答：白色絮状物主要是氢氧化锰，遇此情况说明此培养液溶解氧为零，表示测定无效，应重新采样稀释测定。

35. 答：有 5 种方法：

① 城市废水，取自污水管或取自没有明显工业污染的住宅区污水管。这种水在使用前，应倾出上清液备用。

② 在 1 升水中加入 100 g 花园土壤，混合并静置 10 min，取 10 mL 上清液用水稀释至 1 L。

③ 含有城市污水的河水或湖水。

④污水处理厂出水。

⑤ 当待分析水样为含难降解物质的工业废水时，取自待分析水排放口下游约 3 ~ 8 公里的水或所含微生物适宜于待分析水并经实验室培养过的水。

36. 答：在 5 ~ 20 L 玻璃瓶内装入一定量的水，控制水温在 20 °C 左右。然后用无油空气压缩机或薄膜泵，将吸入的空气先后经活性炭吸附管及水洗涤管后，导入稀释水内曝气 2 ~ 8 h，使稀释水中的溶解氧接近于饱和。停止曝气亦可导入适量纯氧。瓶口盖以两层经洗涤晾干的纱布，置于 20 °C 培养箱中放置数小时，使水中溶解氧含量达 8 mg/L 左右。临用前每升水中加入氯化钙溶液、氯化铁溶液、硫酸镁溶液、磷酸盐缓冲溶液各 1 mL，并混合均匀。

37. 答：培养 5 天后：剩余 DO≥1 mg/L，消耗 DO≥2 mg/L

若不能满足以上条件，一般应舍掉该组结果。

38. 答：稀释的目的为降低水样中有机物浓度并保证其中含有充足的溶解氧。

加入的营养物有磷酸盐、硫酸镁、氯化钙和三氯化铁。

39. 答：在规定的条件下，微生物分解存在水中的某些可氧化物质，特别是有机物所进行的生物化学程中所消耗的溶解氧的量。目前国内外普遍规定于 20±1 °C 培养 5 天，分别测定样品培养前后的溶解氧。二者之差即为 BOD_5 值。以氧的（mg/L）表示。

40. 答：工业废水：由重铬酸钾测得的 COD 值来确定。由 COD 值分别乘以系数 0.075、0.15、0.225 即获得三个稀释倍数。

地面水：从酸性高锰酸钾法测得的 COD 值除以 4 取大于此值。

41. 答：由于测得的吸光度值已超过了分光光度计最佳使用范围（E=0.7），应少取水样重新测定。

42. 答：加入硫酸锌和氢氧化钠溶液，沉淀，过滤于 50 mL 比色管中，弃去 25 mL 初滤液，吸取摇匀后的酒石酸钾钠溶液 1mL，纳氏试剂 1.5 mL 于比色管中显色。同时取无氨水于 50 mL 比色管中，按显色步骤显色后作为参比。

（1）在加入硫酸锌和氢氧化钠溶液时，没有说明加入硫酸锌和氢氧化钠溶液的浓度、沉淀的酸度和混匀等操作；

（2）没有说明加入上述溶液后应放置；

（3）没有说明滤纸应用无氨水洗涤；

（4）没有说明过滤水样进行显色的准确体积。

43. 答：在水中加入 H_2SO_4 至 $pH < 2$，重新蒸馏，收集馏出液时应注意避免重新污染。或者在水中加碱使 pH≈12，煮沸，直至以纳氏试剂测试时无明显颜色反应。

44. 答：（1）于每升水中加入 0.2 g 经 200 °C 活化 30 分钟的粉末活性炭，充分振摇后，放置过夜，用双层中速滤纸过滤。

（2）加 NaOH 使水呈强碱性，并滴加 $KMnO_4$ 溶液至紫红色，在全玻璃蒸馏中加热蒸馏，集取馏出液。

45. 答：将水样酸化后，滴于 KI–淀粉试纸上，如出现蓝色，说明存在氧化剂，此时在水样中可加入硫酸亚铁铵或亚砷酸便除去。过量的硫酸亚铁铵可在蒸馏时除去，不干扰测定。

46. 答：在恒温的密闭容器中，水样中的苯系物在气、液两相间分配，达到平衡。取液上气相样品进行色谱分析。本方法适用于检测石油化工、焦化、油漆、农药、制药等行业的排放废水，也可用于地面水的监测。

47. 答：称取 20.0 g 氯化钠，放入 100 mL 注射器中，加入 40 mL 水样，排出针筒内空气，再吸入 40 mL 氮气然后将注射器用胶帽封好，置于康氏振荡器水槽中固定，在 35 °C 恒温下振荡 5 min，抽取液上空中的气体 5 mL 做色谱分析。当废水中苯系物浓度较高时可减少进样量。

48. 答：加酸调节 $pH < 2$ 并不能起到稳定作用，尤其是地下水加酸保存的样的损失率最大。原因可能是加酸后使水样中离子强度增加，挥发性有机物更易损失。因此，除毛纺废水中由于混入生活污水而使其成分复杂，加酸可抑制其中生物活性而起到一定的稳定作用外，其他的水样不应采用加酸调酸性的保存方法。

49. 答：石油及其产品在紫外光区有特征吸收，带有苯环的芳香族化合物，主要吸收波长为 250 ~ 260 nm；带有共轭双键的化合物主要吸收波长为 215 ~ 230 nm。一般原油的两个吸收波长为 225 及 254 nm。石油产品中，如燃料油、润滑油等的吸收峰与原油相近。因此，波长的选择应视实际情况而定，原油和重质油可选 254 nm，而轻质油及炼油厂的油品可选 225 nm。

50. 答：① 配制标准系列，在选定的波长下测定吸光度，绘制标准曲线；② 石油醚萃取酸化的样品；③ 石油醚萃取液通过无水硫酸钠层的砂芯漏斗，滤入 50 mL 容量瓶中；④ 二次萃取，合并滤液，定容体积；⑤ 选定波长，10 mm 石英比色皿，石油醚为参比；⑥ 空白同样操作，测量吸光度；⑦ 查曲线，求出样品的油含量，并计算结果。

51. 答：主要干扰物为氮氧化物、臭氧及某些重金属元素。

消除臭氧的方法是：可将样品放置一段时间使其自动分解。加入氨磺酸钠溶液可消除氮氧化物的干扰。加入 CDTA 消除或减少某些金属离子的干扰。

52. 答：二氧化硫被甲醛缓冲溶液吸收后，生成稳定的羟甲基磺酸加成化合物。在样品溶液中加入氢氧化钠，使加成化合分解，释放出二氧化硫与副玫瑰苯胺、甲醛作用，生成紫红色化合物，在 577 nm 处进行测定。

53. 答：吸取 36% ~ 38%的甲醛溶液 5.5 mL，0.050 mol/L CDTA-2Na 溶液 20.0 mL；称取 2.04 g 邻苯二甲酸氢钾，溶于少量水中；将三种溶液合并，用水稀释至 100 mL，储于冰箱，可保存 10 个月。

54. 答：相同之处是两种方法均是采用溶液吸收法富集 SO_2，且吸收效率相当，然后再用显色剂盐酸副玫瑰苯胺显色，分光光度法测定。不同之处：四氯汞钾溶液吸收-盐酸副玫瑰苯胺分光光度法采用的吸收液是四氯汞钾溶液，毒性相对较大；而甲醛缓冲溶液吸收-盐酸副玫瑰苯胺分光光度法采用的吸收液是甲醛缓冲溶液，避免了使用毒性大的四氯汞钾溶液。另一不同之处是甲醛缓冲溶液吸收-盐酸副玫瑰苯胺分光光度法的操作条件更加严格。

55. 答：氮氧化物（NO_x）包括一氧化氮（NO）及二氧化氮（NO_2）。在采样时，气体中的一氧化氮等低价氧化物首先被氧化剂（如三氧化铬）氧化成二氧化氮，二氧化氮被吸收液吸收后，生成亚硝酸和硝酸，其中亚硝酸与对氨基苯磺酸起重氮化反应，再与盐酸萘乙二胺偶合，呈玫瑰红色，根据颜色深浅，用分光光度法测定。

56. 答：应检查滤膜是否出现物理损伤，是否有穿孔现象。若出现以上现象，则此“样品滤膜”作废。

57. 答：取清洁滤膜若干张，在干燥器内平衡 24 h 后称重，每张滤膜称 10 次以上，求出每张滤膜的平均值为该张滤膜的原始质量。

58. 答：指一群需氧及兼性厌氧在 44.5 °C 生长时能使乳糖发酵，在 24 h 内产酸产气的革兰氏阴性无芽胞杆菌。

59. 答：有三种：多管发酵法、滤膜法、延迟培养法。用多管发酵法。

60. 答：测定分二个步骤进行：量取若干经稀释的水样，接种乳糖蛋白胨培养液，进行初发酵试验：在（37±0.5）°C 下培养（24± 2）h，产酸和产气的发酵管表明试验阳性，再将表明试验阳性的发酵管中的培养物转接到 EC 培养液中，进行复发酵试验，在（44±0.5）°C 水浴下培养（24±2）h，发酵管产气表明确信试验阳性。

61. 答：相同之处：初发酵时，水样都稀释成三个浓度，接种乳糖蛋白胨培养基，在 37 °C 培养 24 h，对产酸产气者定为初发酵阳性。

不同之处：对粪大肠菌群检测做复发酵时，接种的培养基，培养的温度与大肠菌群检测不同，培养的时间相同。

62. 答：胆盐是猪或牛的苦胆中提取的，在 EC 培养基中作用是杀灭粪大肠菌群以外其他杂菌，有利于粪大肠菌的生长。

63. 答：为了有效控制生活污水对地表水质的影响。因为已经证明用粪大肠菌群作为卫生学指标比用总大肠菌群更有代表性，粪大肠菌群只存在于温血动物的肠道中，而总大肠菌群在某些水质条件下能在水中自行繁殖，不能真实地代表水体受粪便污染的程度。目前，粪大肠菌群被认为是水体受粪便污染的最实用的指标。

64. 答：（1）叠氮化钠修正法—消除水中亚硝酸盐干扰。（2）高锰酸钾修正法—消除水中亚铁离子的干扰（$Fe^{2+} > 1$ mg/L）。（3）水样中三价铁离子含量高时，干扰测定可加氟化钾或用磷酸代替硫酸酸化消除。

65. 答：环境水样的成分相当复杂，并且大多数污染物含量极低，有的可达 PPb 级，各污染物存在形态各异，为了能够得到适合于测定分析方法要求的欲测组分的形态、浓度和消除共存组分的干扰的试样体系，则必需对试样进行预处理。预处理包括：水样的消解、分离、富集。

66. 答：所谓标准曲线使用分光光度计来测量一系列标准溶液的吸光度，以浓度为横坐标，吸光度为纵坐标绘制的曲线。是一条直线。

所谓吸收曲线是有色物质对不同波长单色光的吸收程度，以波长为横坐标 x，吸收度为纵坐标 y 作图，得出的一条曲线。

67. 答：高价阳离子（铁、铝和四价硅）及氢离子；消除标准溶液与被测溶液的离子强度差异，使离子活度系数保持一致，络合干扰离子，使络合态的氟离子释放出来，缓冲 pH 变化，保持溶液有合适的 pH。

68. 答：如果将试样中的+3 价铬先用高锰酸钾氧化成+6 价铬，过量的高锰酸钾再用亚硝酸钠分解，最后用尿素再分解过量的亚硝酸钠，经过这样处理后的试样，加入二苯碳酰二肼显色剂后，应用分光光度法即刻测得总铬含量。

在测定总铬的烧杯中滴加 0.5%的高锰酸钾溶液至红色不退。小火加热至近沸，若加热时红色退去，可补加高锰酸钾，使红色保持，取下烧杯冷却至室温，逐滴加入 10%的亚硝酸钠溶液，使红色恰好退去，不要过量，然后加入 20%的尿素溶液 1 mL，待气泡放尽，即可转移至 50 mL 比色管或容量瓶中。 因为测定总铬的实验条件比较难控制，高锰酸钾与+3 价铬的反应需要一定的时间，所以在测定时容易使高锰酸钾的加入量不足，并且加入的亚硝酸钠溶液很容易过量，虽然说过量的亚硝酸钠用尿素分解，可是步骤中加入尿素的量是一定的，只加了 1 mL，不足以分解过量的亚硝酸钠，过量的亚硝酸钠将试液中本身的+6 价铬还原成了+3 价铬，所以我们会得到总铬含量小于六价铬含量的结果。

69. 答：在氨氮测定时，水样中若含钙、铁、镁等金属离子会干扰测定，加入络合剂或预蒸馏来消除干扰。

70. 答：将三价铬氧化成六价铬后用二苯碳酰二肼分光光度法测定当铬含量高时（大于1mg/L）也可采用硫酸亚铁铵滴定法。在酸性溶液中试样的三价铬被高锰酸钾氧化成六价铬六价铬与二苯碳酰二肼反应生成紫红色化合物于波长 540 nm 处进行分光光度测定。过量的高锰酸钾用亚硝酸钠分解而过量的亚硝酸钠又被尿素分解。

71. 答：基本要求：（1）减缓生物作用；（2）减缓化合物或者络合物的水解及氧化还原作用；（3）减少组分的挥发和吸附损失。

措施：（1）选择适当材料的容器；（2）控制溶液的 pH；（3）加入合适的化学试剂（保存剂）；（4）冷藏或冷冻。

72. 答：为了扣除蒸馏装置及试剂中的氨。

73. 答：（1）控制溶液的 pH 在一定的范围内；（2）加入柠檬酸盐可以消除 Al^{3+}和 Fe^{3+}的干扰；（3）控制试液的离子强度。

74. 答：COD_{Cr}（以 O_2 计）（mg/L）=c（$V_0 - V_1$）×8×1 000 /V

式中 c——硫酸亚铁铵标准溶液的浓度，mol/L

V_0——滴定空白时硫酸亚铁铵标准溶液的用量，mL

V_1——滴定水样时硫酸亚铁铵标准溶液的用量，mL

V——水样的体积，mL

8——1/2 O 的摩尔质量，g/mol

75. 答：测定总铬的条件为酸性条件氧化剂是高锰酸钾，显色剂是二苯碳酰二肼，尿素的作用是分解过多的高锰酸钾。

五、计算题

1. 7 mg/L； 2. 100 mL； 3. NO_2-N 的含量为 2.5 mg/L 和 NO_2^- 的含量为 8.2 mg/L； 4. 0.070 7 g； 5. 3.76× 10^2 mg/L； 6. 6.48 mg/L； 7. 10.45 mg/L； 8. 1.8 mg/L； 9. 0.4 mg/L，符合Ⅳ类水质标准； 10. 0.203 mg/m³； 11. $DO(O_2, g/L) = \frac{CV}{a} \times 8$； 12. 2.5mL； 13. 0.75 μg/mL； 14. 0.36 ug/mL； 15. 13.7mg/mL； 16. 13.7 mg/m³； 17. 90dB； 18. 10 mg/L； 19. 26.7L； 20. 1016.27 mg/L； 21. 1152m³； 22. 1465.1 mg/L； 23. 0.428 mg/m³； 24. Cr（Ⅲ）=0.449 6(mg/L)；Cr（Ⅵ）=0.6667(mg/L)； 25. 465.1 mg/L； 26. 1 465.1 mg/L； 27. BOD_5/COD_{cr}=0.45 > 0.3 所以，此水样适宜用生化法处理。

附录4　原子量表

原子序数	元素名称	元素符号	相对原子质量	原子序数	元素名称	元素符号	相对原子质量
1	氢	H	1.007	36	氪	Kr	83.798
2	氦	He	4.003	37	铷	Rb	85.468
3	锂	Li	6.941	38	锶	Sr	87.621
4	铍	Be	9.012	39	钇	Y	88.906
5	硼	B	10.811	40	锆	Zr	91.224
6	碳	C	12.017	41	铌	Nb	92.906
7	氮	N	14.007	42	钼	Mo	95.942
8	氧	O	15.999	43	锝	Tc	97.907
9	氟	F	18.998	44	钌	Ru	101.072
10	氖	Ne	20.180	45	铑	Rh	102.906
11	钠	Na	22.990	46	钯	Pd	106.421
12	镁	Mg	24.305	47	银	Ag	107.868
13	铝	Al	26.982	48	镉	Cd	112.412
14	硅	Si	28.086	49	铟	In	114.818
15	磷	P	30.974	50	锡	Sn	118.711
16	硫	S	32.066	51	锑	Sb	121.760
17	氯	Cl	35.453	52	碲	Te	127.603
18	氩	Ar	39.948	53	碘	I	126.904
19	钾	K	39.098	54	氙	Xe	131.294
20	钙	Ca	40.078	55	铯	Cs	132.905
21	钪	Sc	44.956	56	钡	Ba	137.328
22	钛	Ti	47.867	57	镧	La	138.905
23	钒	V	50.942	58	铈	Ce	140.116
24	铬	Cr	51.996	59	镨	Pr	140.908
25	锰	Mn	54.938	60	钕	Nd	144.242
26	铁	Fe	55.845	61	钷	Pm	145
27	钴	Co	58.933	62	钐	Sm	150.36
28	镍	Ni	58.693	63	铕	Eu	151.964
29	铜	Cu	63.546	64	钆	Gd	157.253
30	锌	Zn	65.409	65	铽	Tb	158.925
31	镓	Ga	69.723	66	镝	Dy	162.500
32	锗	Ge	72.641	67	钬	Ho	164.930
33	砷	As	74.921	68	铒	Er	167.259
34	硒	Se	78.963	69	铥	Tm	168.934
35	溴	Br	79.904	70	镱	Yb	173.043

附录5　化学试剂等级对照表

级别	一级品	二级品	三级品	四级品	
中文标志	保证试剂	分析试剂	化学纯	化学用试剂	生物试剂
	优级纯	分析纯	化学纯	化学用	
符号	GR	AR	CP	LR	BR
瓶签颜色	绿色	红色	蓝色	棕色等	黄色等

附录 6　常用酸碱试剂的浓度

名称	化学式	摩尔质量	密度/（g/mL）	质量百分浓度/%	物质的量浓度/(mol/L)
盐酸	HCl	36.46	1.19	38	12
硝酸	HNO_3	63.01	1.42	70	16
硫酸	H_2SO_4	98.07	1.84	98	18
高氯酸	$HClO_4$	100.46	1.67	70	11.6
磷酸	H_3PO_4	98.00	1.69	85	15
氢氟酸	HF	20.01	1.13	40	22.5
冰乙酸	CH_3COOH	60.05	1.05	99.9	17.5
氢溴酸	HBr	80.93	1.49	47	9
甲酸	$HCOOH$	46.04	1.06	26	6
过氧化氢	H_2O_2	34.01		>30	
氨水	$NH_3 \cdot H_2O$	35.05	0.90	27(NH_3)	14.5

附录 7　生活饮用水水质标准

指　　标	限　　值
1. 微生物指标①	
总大肠菌群（MPN/100mL 或 CFU/100mL）	不得检出
耐热大肠菌群（MPN/100mL 或 CFU/100mL）	不得检出
大肠埃希氏菌（MPN/100mL 或 CFU/100mL）	不得检出
菌落总数（CFU/mL）	100
2. 毒理指标	
砷（mg/L）	0.01
镉（mg/L）	0.005
铬（六价，mg/L）	0.05
铅（mg/L）	0.01
汞（mg/L）	0.001
硒（mg/L）	0.01
氰化物（mg/L）	0.05
氟化物（mg/L）	1.0
硝酸盐（以 N 计，mg/L）	10 地下水源限制时为 20
三氯甲烷（mg/L）	0.06
四氯化碳（mg/L）	0.002
溴酸盐（使用臭氧时，mg/L）	0.01
甲醛（使用臭氧时，mg/L）	0.9
亚氯酸盐（使用二氧化氯消毒时，mg/L）	0.7
氯酸盐（使用复合二氧化氯消毒时，mg/L）	0.7
3. 感官性状和一般化学指标	
色度（铂钴色度单位）	15
浑浊度（NTU-散射浊度单位）	1 水源与净水技术条件限制时为 3

续表

指　　标	限　　值
臭和味	无异臭、异味
肉眼可见物	无
pH （pH 单位）	不小于 6.5 且不大于 8.5
铝（mg/L）	0.2
铁（mg/L）	0.3
锰（mg/L）	0.1
铜（mg/L）	1.0
锌（mg/L）	1.0
氯化物（mg/L）	250
硫酸盐（mg/L）	250
溶解性总固体（mg/L）	1 000
总硬度(以 $CaCO_3$ 计，mg/L）	450
耗氧量（COD_{Mn} 法，以 O_2 计，mg/L）	3 水源限制，原水耗氧量>6 mg/L 时为 5
挥发酚类（以苯酚计，mg/L）	0.002
阴离子合成洗涤剂（mg/L）	0.3
4. 放射性指标②	指导值
总 α 放射性（Bq/L）	0.5
总 β 放射性（Bq/L）	1

① MPN 表示最可能数；CFU 表示菌落形成单位。当水样检出总大肠菌群时，应进一步检验大肠埃希氏菌或耐热大肠菌群；水样未检出总大肠菌群，不必检验大肠埃希氏菌或耐热大肠菌群。

② 放射性指标超过指导值，应进行核素分析和评价，判定能否饮用

附表 8　中国现行的空气中主要污染物浓度限值

污染物名称	取值时间	浓度限值			浓度单位
		一级标准	二级标准	三级标准	
二氧化硫 SO_2	年平均	0.02	0.06	0.10	mg/m^3（标准状态）
	日平均	0.05	0.15	0.25	
	一小时平均	0.15	0.50	0.70	
总悬浮颗粒物 TSP	年平均	0.08	0.20	0.30	
	日平均	0.12	0.30	0.50	
可吸入颗粒物 PM_{10}	年平均	0.04	0.10	0.15	
	日平均	0.05	0.15	0.25	
氮氧化物 NO_X	年平均	0.05	0.05	0.10	
	日平均	0.10	0.10	0.15	
	一小时平均	0.15	0.15	0.30	
二氧化氮 NO_2	年平均	0.04	0.04	0.08	
	日平均	0.08	0.08	0.12	
	一小时平均	0.12	0.12	0.24	
一氧化碳 CO	日平均	4.00	4.00	6.00	
	一小时平均	10.00	10.00	20.00	
臭氧 O_3	一小时平均	0.12	0.16	0.20	
铅 Pb	季平均		1.50		$\mu g/m^3$（标准状态）
	年平均		1.00		
苯并[a]芘 B[a]P	日平均		0.01		
氟化物 F	日平均	1.8		3.0	$\mu g/(dm^2 \cdot d)$
	一小时平均	1.2		2.0	

附录9　土壤环境质量标准选配分析方法

序号	项目	测定方法	检测范围 mg/kg	注释
1	镉	土样经盐酸-硝酸-高氯酸（或盐酸-硝酸-氢氟酸-高氯酸）消解后 （1）萃取-火焰原子吸收法测定 （2）石墨炉原子吸收分光光度法测定	0.025 以上 0.005 以上	土壤总砷
2	汞	土样经硝酸-硫酸-五氧化二钒或硫、硝酸-高锰酸钾消解后，冷原子吸收法测定	0.004 以上	土壤总汞
3	砷	（1）土样经硫酸-硝酸-高氯酸消解后，二乙基二硫代氨基甲银分光光度法测定 （2）土样经硝酸-盐酸-高氯酸消解后，硼氢化钾-硝酸银分光光度法测定	0.5 以上 0.1 以上	土壤总砷
4	铜	土样经盐酸-硝酸-高氯酸（或盐酸-硝酸-氢氟酸-高氯酸）消解后，火焰原子吸收分光光度法测定	1.0 以上	土壤总铜
5	铅	土样经盐酸-硝酸-氢氟酸-高氯酸消解后 （1）萃取-火焰原子吸收法测定 （2）石墨炉原子吸收分光光度法测定	0.4 以上 0.06 以上	土壤总铅
6	铬	土样经盐酸-硝酸-氢氟酸消解后， （1）高锰酸钾氧化医学教育网整理，二苯碳酰二肼光度法测定 （2）加氯化铵液，火焰原子吸收分光光度法测定	1.0 以上 2.5 以上	土壤总铬
7	锌	土样经盐酸-硝酸-高氯酸（或盐酸-硝酸-氢氟酸-高氯酸）消解后，火焰原子吸收分光光度法测定	0.5 以上	土壤总锌
8	镍	土样经盐酸-硝酸-高氯酸（或盐酸-硝酸-氢氟酸-高氯酸）消解后，火焰原子吸收分光光度法测定	2.5 以上	土壤总镍
9	六六六和滴滴涕	丙酮-石油醚提取，浓硫酸净化，用带电子捕获检测器的气相色谱仪测定	0.005 以上	
10	pH	玻璃电极法（土：水=1.0：2.5）	—	
11	阳离子交换量	乙酸铵法	—	

参考文献

[1] 奚旦立，孙裕生，刘秀英. 环境监测[M]. 4 版. 北京：高等教育出版社，2010.

[2] 国家环境保护局. 水和废水监测分析方法[M]. 4 版. 北京：中国环境科学出版社，2002.

[3] 何燧源. 环境污染物分析监测[M]. 北京：化学工业出版社，2001.

[4] 奚旦立. 环境工程手册（环境监测卷）[M]. 北京：高等教育出版社，1998.

[5] 国家环境保护总局. 空气和废气监测分析方法[M]. 4 版. 北京：中国环境科学出版社，2003.

[6] 崔九思，王欣源，王汉平. 大气污染监测方法[M]. 2 版. 北京：化学工业出版社，1997.

[7] 宋广生. 室内环境监测及评价手册[M]. 北京：机械工业出版社，2002.

[8] 沈韫芬，章宗涉，等. 微生物监测新技术[M]. 北京：中国建筑工业出版社，1990.

[9] 谭福元，李文林，冯葆华. 环境自动监测[M]. 北京：冶金工业出版社，1990.

[10] 张世森. 环境监测技术[M]. 2 版. 北京：高等教育出版社，1992.

[11] 孙成. 环境监测实验[M]. 2 版. 北京：科学出版社，2013.

[12] 万本太. 突发性环境污染事故的应急监测[M]. 北京：中国环境科学出版社，1996.

[13] 奚旦立，等. 环境监测实验[M]. 北京：高等教育出版社，2011.

[14] 吴忠标，等. 环境监测[M]. 北京：化学工业出版社，2013.

[15] 刘玉婷. 环境监测实验[M]. 北京：化学工业出版社，2007.

[16] 陈玲，赵建夫，等. 环境监测[M]. 北京：化学工业出版社，2014.